とんでもなくおもしろい
仕事に役立つ数学

西成活裕

角川文庫
19731

はじめに

「ものづくりの現場にもっと数学を！」

これが本書で言いたいことのすべてです。本書を手に取ってくださった方に、これさえ伝わればいいと思っています。

本書には、数学の細かな計算などは書いてありません。本書に書いてあるのは、そういうことではなく、「数学ってこんなにおもしろくて使えるのに、どうしてもっと仕事に生かさないの？」という僕の素朴な訴えなのです。ですから、もともと本気でそう思っている方は、この本を読む必要はないでしょう。きっと僕以上に数学の大切さをわかっていらっしゃるからです。

この本の読者として、僕は次のような方々を想定しています。

（1）学校で習った数学は現実の問題を解くのに役に立たないと思っている。
（2）現場の経験とカンの方が数学よりはるかに上だ。
（3）数学が大の苦手で、抽象的なものは拒絶反応が起きる。

(4) 数学は学校ではまあまあ好きだった。できればそれを仕事でも生かしたいのだけどまったくどう使うかわからない。
(5) 研究開発に行き詰まりを感じている。どこかに新しいアイディアがないか探している。
(6) 数学はできたらカッコいいと思う。
(7) 数学の勉強は長たらしくて面倒に感じる。短時間でざっと理解できる方法はないか。

どうでしょうか。少しでも当てはまるものがありましたか？「あった」というあなた。待っていました、あなたとの出会いを(笑)。そう、そんなみなさんにささげる1冊が本書なのです。

くどいようですが、本書には細かな数学の話はありません。もし万が一あったら、それは僕のミスです(とはいえ僕はよくミスをします……人間だもの、お許しください)。ただ、この本はある意味で僕の自信作でもあります。細かいことは省き、それでいて数学の持つイメージを正確に伝えようという、僕にとっては初の試みだからです。

僕も学生時代は、一応真面目に数学を勉強しました。すごく時間をかけて真面目にやった後に、「なんだ、結局こういうことだったのか！」という体験をたくさんしてきました。

「それならなぜ初めからそう教えてくれないのか」。そんな怒りにも似た疑問を、ずっと胸に抱きながら……。

その思いを一気に放出したのが本書です。僕がみなさんの先生になって、いきなりそのゴールだけを教えるという暴挙に出たわけです。映画でいえば、いきなりネタバレの話をしてしまうのに似ています。そのため、もっともこの本を読んでほしくない人…それは、数学を真面目に研究している同僚だと言えます。思いっきり怒られそうな予感がするのです。

それに、これから時間をかけて専門で数学を学ばなければならない大学生にとっても、本書は「パンドラの箱」になる可能性があります。自分で試行錯誤しながら苦労を惜しまず研究したいという人は、そうした方がいいのは言うまでもありません。本書の対象者はあくまで、先ほど挙げた方々なのです。

でも、ぜひこれだけはご理解ください。僕は、数学を研究している方々をとても尊敬しています。

僕は昔から数学が大好きで、その美しい数学を作り出している研究者の方々に、少しでも恩返しをしたいと願ってきました。そのためには、「数学は美しい」で終わらせるのではなく、現実にもっと生かすことが必要なのではないか。そうすることで、もっと多くの方々に数学のすばらしさを理解してもらえるのではないか。「僕の使命は、一生懸命に数学を勉強して、それを直接社会の役に立つように応用することだ」。あるときから、こんな思いを強く胸に抱くようになったのです。

実は大学生だったころ、「純粋数学を産業に応用したい」と周囲に話したことがあります。でも、当時はだれからも相手にされませんでした。ところが時代が流れた今、数学界を挙げて産業への応用の必要性を叫んでいます。

時折、僕は講演に呼ばれ、「数学ってこんなに社会の役に立っていますよ」という話をすることがあります。こういう話をしているときは楽しくて仕方がありません！　数学界に恩返しができますし、産業界にも貢献できるという二重の喜びを味わえるからです。

これまで僕は工学部に在籍しながら数学に関わってきたおかげで、企業との共同研究に多く携わってきました。そのため、ものづくりの現場をよく知っているつもりです。多いときには週に2回ぐらい、ヘルメットをかぶって工場に立っていますし、研究開発部門の技術者と夜を徹して議論したことも数えきれないほどあります。そこで痛感したのは、「僕の信念は間違っていない」ということ。つまり、数学を生かすことで、まったく新しいブレイクスルーが起こる可能性があることを肌で感じているのです。

数学は物事の根源に関わっているので、ピタッと当てはまるとものすごい威力を発揮します。この威力を活用して商品開発に成功した事例も、いくつか経験してきました。こうした活動を20年近く続けてきて、「そろそろ僕の数学のノウハウを一部公開しよう」と思うようになりました。もったいないのでまだ全部は公開していませんが、それでもかなりの重要ポイントを本書に収めたつもりです。

本書を通じて、ものづくりの現場に数学という新しい息吹が吹き込まれることを、そして、数学に対するさまざまな偏見がなくなることを願っています。数学が嫌われるのは、そのワケのわからない記号のせいもあると思います。本書から、とにかく数式の記号にとらわれない、数式の先にある生き生きとしたイメージを感じ取ってください。日々の仕事の現場で生じる課題に数学を応用し、成功するためには、実はこの血の通った新しい数学的思考法こそが大事だということを、僕は経験から学んでいます。

ああ、もう楽しい数学の話がしたくてウズウズしてきました。それでは前置きはこれくらいにして、そろそろ講義を始めることにしましょう。

２０１２年８月　西成 活裕

とんでもなくおもしろい仕事に役立つ数学　目次

本文イラスト　クー　／　図版作成　フロマージュ　／　DTP　オノ・エーワン

SEASON I

第1章 最適化・効率化（微分方程式）

■第1時限 新入社員が部長を撃退！ってなことも可能な数学

生きた数学を伝えたい

この中に理数系の方はどのくらいいますか？

手を挙げていただき、ありがとうございます。半分より多いくらいですね。

数学といえば、記号が並んでいますし、解を得るまでの作業は機械的ですしで、ほとんどの人にとって多分つまらないものですよね。でも、我々のような科学者にとっては、数式は単なる記号ではなく、生き物のように踊って見えるものなんです。

それは別の言い方をすると、モノに触れているときに感じられる「質感」のようでもあります。学校で習ったような定義証明を淡々とやっていく数学だと、ただの記号操作になってしまうから、たしかにおもしろくないし使えません。けれど、我々が感じている質感をみなさんにも味わってもらえれば、具体的なイメージがつかめて、あらゆる仕事の現場で役に立つ武器に変わると思うのです。本書をとおしてみなさんに、そんな生きた数学を伝えていきたいと思います。

ですので、「生きた数理科学を身につけて新しい発想で課題解決」、これを本書の出口と

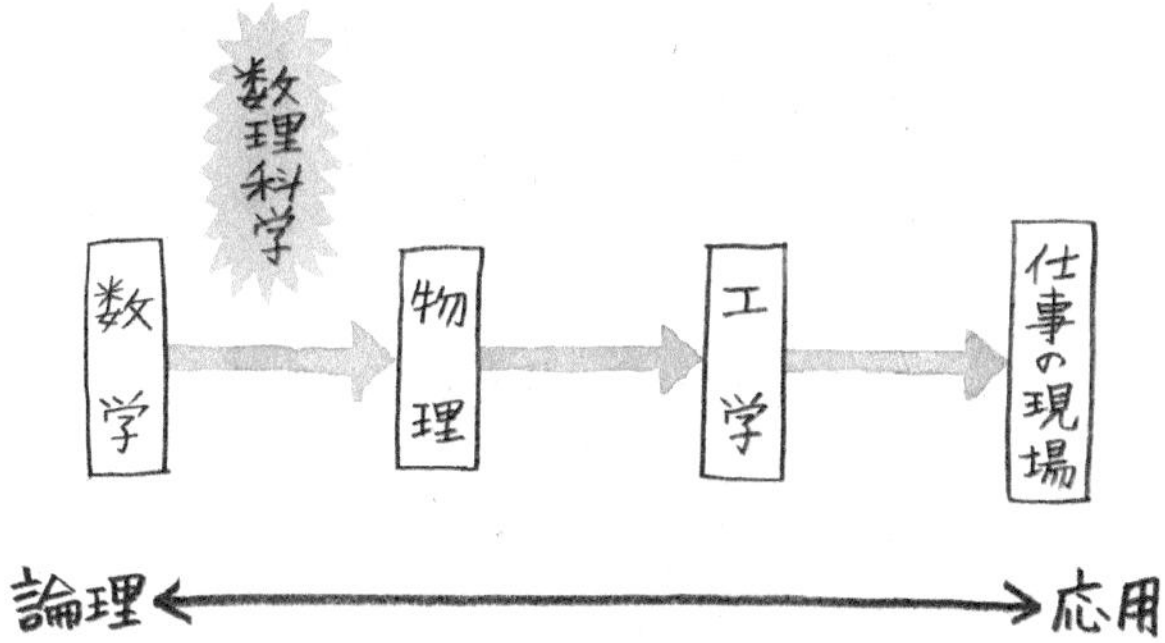

図1-1　生きた数理科学を身につけて、新しい発想で課題解決！

しましょう。

――質問です。数理科学って、数学とどう違うんですか？

非常にいい質問です。私は数学と数理科学を似たような意味で使うこともありますが、厳密に言うと、数学だけでは実社会への応用まで行けません。そこに物理、つまり「物（もの）の理（ことわり）」が入っている必要があります（図1-1）。

「残り1割」に福がある

学問の一番の根底にあるのが数学です。数学は論理体系なので、世の中の基礎をがっちりと支える土台に当たります。これを少し現実に応用できるようにレベルアップさせたのが物理ですね。さらに、その応用力を上げたものが工学になります。実は、メーカーの開発現場で使っているのは、さらにこの上です。だから、開発現場からすると、数学の9割はまったく役に立たないように見えるのです。

逆に言えば、数学者の9割が同じように企業の開発現場を見ていないということでもあります。でも、残りの1割は、少しだけこちら側を向いています。その1割が、数学と物理が融合する分野に取り組む人たちで、この分野を「数理科学」と呼んでいます。

数理科学では、現実社会の問題をいきなり解決することだって可能です。なぜでしょうか。先ほど少しお話しした数式の質感、つまり具体的なイメージをつかんでいるからです。例として、数学の一番深いところにある公式を1つ書いてみましょう。これから「ガリレオ*」をやってみたいと思います（図1-2）。

$$f(z)=\frac{1}{2\pi i}\oint\frac{f(z')}{z'-z}dz'$$

図1-2　この式は何を表す？

＊ガリレオ　2007年、フジテレビ系列で放映されていたテレビドラマのタイトル。原作は東野圭吾氏の小説『探偵ガリレオ』。福山雅治ふんする物理学の大学准教授が新人の女性刑事に依頼され、さまざまな奇怪事件のトリックを暴いていく話で、准教授がトリック解明のカギとなる数式を思いつくと、どこにでもかまわず数式を書き殴るシーンが有名。

新入社員が部長を撃退できる！

図1-2の式が何かわかる人いますか。

だれもいませんか？

これがわかったら、私の授業は受けなくていいです（笑）。たとえば、こんな数式があったとすると、ふつうの人は単なる記号の集まりにしか見えないでしょう。でも、我々数学者がこれを見て何を感じるかというと、「穴ぼこが開いていたら、その穴ぼこをとおして見ると全体を見渡せる」というイメージなんです（図1-3）。穴ぼこというのは分母が0のことです。こういうのを特異点といいます。

図1-3 「コーシーの積分表示」もイメージで置き換えられる！

これはコーシーの積分表示というもので、結構、難しいです。

私がここで言いたいのは、この式でみなさんをビビらせることではなく、こんな難しそうな式でも、我々が頭の中で描いているイメージは、幼稚園児の言葉にも置き換えられるということなのです。

「穴ぼこが開いてる。その穴ぼこから見る世界はきれいだな」ということですね。

底辺にある数学を現実社会にまで持ってくるには、こうしたイメージを持つことがとても重要です。本書では、このイメージを時間の許す限りお伝えしていきます。

ここでみなさんの中に、こんな疑問が湧いてくる人もいるのではないでしょうか。「どうしてそこまでして数理科学を使うのか」と。

数理科学の本来の力、それは正しさです。

数理科学のアプローチを使って出した結論は、そうかんたんに否定されることはありません。たとえ新入社員がその結論を導き出したとしても、部長がかんたんに「それは間違っている」などと言えないわけです。第2時限で例題と共に説明しますが、数理科学のアプローチなら、その道のベテランが経験やカンで出した結論をも否定できます。この正しさ・強さを手に入れられれば、新入社員がたった一人で闘っても勝てるのです。

課題解決の「必勝」ループ

冒頭で、我々の出口は、ただ勉強して終わりではなく、現実にある課題を解決することとしました。たとえば、タービンのコンプレッサ内で気体が流れるメカニズムを解きたいとか、機械部品に開けるねじ穴の位置を、安定性や強度を保ったまま変えるにはどうすれ

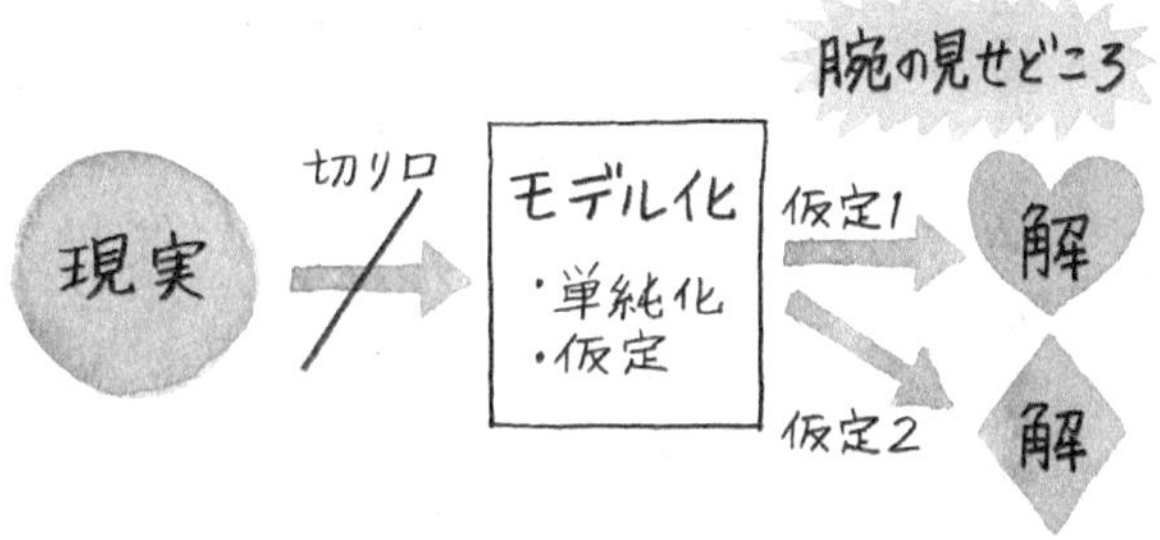

図1-4　現実の問題をモデル化！

ばいいのかなど、そういった問題は日々、技術の現場で生じています。

数理科学を使ってこれらの問題を解くには、どうすればいいのでしょうか。一番のミソになるのが「モデル化」です。モデル化とは、現実をそのまま数式に当てはめるのではなく、ある仮定を置いて単純化してから数式に落とし込んでいくことを言います（図1-4）。

この単純化の仕方が腕の見せどころです。同じ現実を見ていても、研究者によってモデル化の仕方は異なります。現実の捉え方が違うからです。

――質問です。同じ現実を見ているのに、モデル化の仕方が違ってもいいのですか？

はい。違っていていいんです。なぜかというと、現実には無限の側面があるからです。そんな複雑な現実を、モデルでパーフェクトに表現することなど不可能です。現実をどの目的で、どの側面から切り取るか、これが先ほども言った「研究者の腕の見せどころ」になるわけです。

ただし、モデル化のバリエーションがたくさんあるだけに、注意しなければならないこともあります。他人がモデル化したものを製品設計に活用するときなどは、モデル化でどのような仮定が置かれているかをきちんと把握しておく必要があります。実際、それを怠ったがために起きてしまった製品事故も少なくありません。

そしてモデル化して数式に落とし込んだ後は、その数式から解を得て、現実と比べながら検証していきます。そこで「単純化しすぎたのではないか?」「仮定が少しおかしかったのではないか?」などと考えてみて、それをまたモデルに反映させて完成度を高めます。

実は、このループを一人で回せる人はほとんどいません。たいていは、ループのどこかでプツッと切れていることが多いのです。私は、みなさんが本書を読み終えたときに、一人でこのループを回せるようになるまで持っていきたいと思っています。1冊で10年分、教えますよ〜!

頭の中に置きたい「数学の地図」

このループは、実はいくつかのパートに分けられます。「モデル化の仕方」「解の出し方」「検証の仕方」です。これらすべてに共通するのが…残念ながら数学なんです。

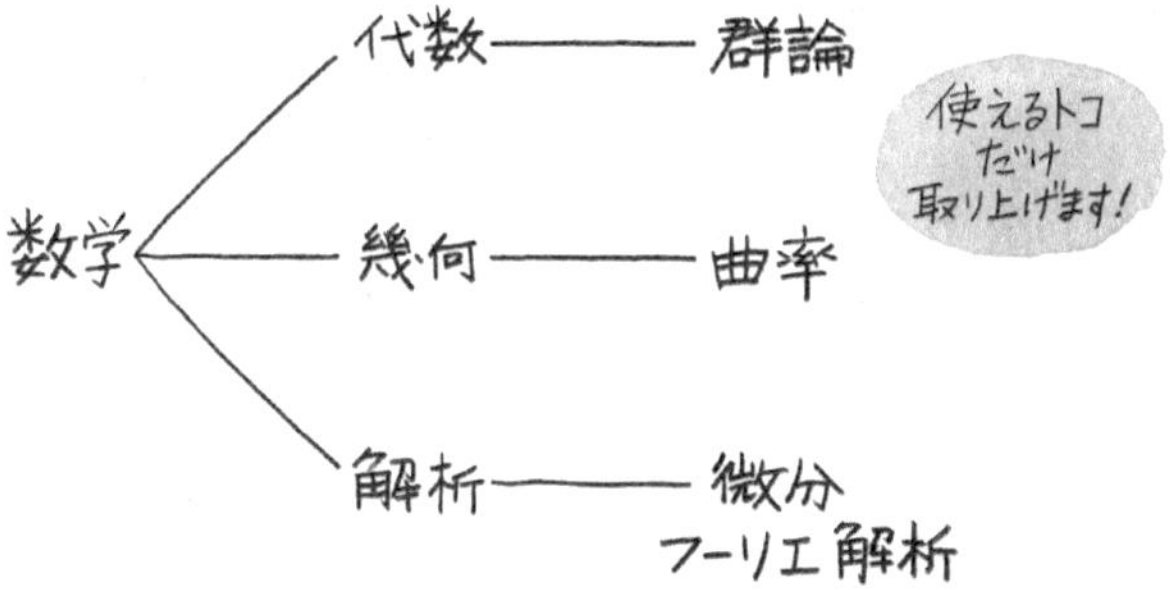

図1-5　数学の地図

私はいつも「数学は語学と同じ」と言っています。英語を話すためには単語と文法を覚えないといけないように、数理科学を実践するためには、数学の記号を覚え、定理を学ばなくてはなりません。これはもう、避けてはとおれません。ただ、すべての記号と定理を覚える必要はないので、登場したらその都度、勉強することにしましょう。

そろそろみなさんに練習問題を解いていただきたいところですが、その前に、この記号と文法の全体像、つまり「数学の地図」についてお話しします。みなさんが仕事で役立てられる武器は、この地図の中に隠れています。

みなさん、数学の世界っていくつの分野があると思いますか？

――代数幾何、基礎解析、微分積分…とかでしょうか。

そんなイメージですよね。大きな枠組みは3つあります。

読み終えたらあなたもガリレオ

図1-5を見てください。これが数学の分類です。すべての分野がこれにぶら下がっています。さっき、答えていただいた微積は、解析の中に含まれています。

代数なら群論、幾何なら曲率あたりが使えます。でも、もっとも使える武器は、解析の中の「微分」です。ちまたの教科書には「微積分」なんて書いてありますが、「使えるか」で考えたら積分なんかどうでもいいと思います(笑)。大事なのは微分。微分ができると、さっきのループがおもしろいように回せます。このループが回せるようになったら、もうエクスタシー。どんな酒よりもうまいという感じです。このエクスタシーをぜひみなさんにも味わっていただきたいのです。

そして、もう1つ、ものすごく使えるのが、解析の中のフーリエ解析です。これがまた超パワフルな武器で、使えるようになるとループの回し方が一味違ってきます。

大学でこれを教わると、ほとんどの人は、目が裏返って船をこいで終わってしまいます(笑)。ですが、この式のすばらしさと有用性を理解できれば、その先にお花畑が待っているのです。しかも、この式をパッと書いた瞬間、あなたもガリレオの主人公になれます(笑)。

さぁ、これで頭の中に大まかな地図ができました。

では、ここでクイズです。数理科学のアプローチを使って結論を導き出すには、ある考え方を持つことが非常に重要になってきます。それは、次のうちどれでしょう。

A　異なるものを同じと言う勇気
B　同じものを異なると言う勇気
C　異なるものを異なると言う勇気

■第2時限

経験やカンで出した答えは全体最適？……ではないかもしれない

センスがある人とない人

第1時限では、実社会で生じる課題を解決できる数理科学とは、どのようなものかを解説してきました。この数理科学を活用するには、ある考え方を持つことがとても重要になります。そこでクイズを出しました。その考え方とはどれか、みなさんはわかりましたか？

正解は、Aの「異なるものを同じと言う勇気」を持つことです。

これがとても大事です。成長のどの過程でこういう思想のようなものが形成されるのかわかりませんが、私たちの中には、異なるものを同じと言える人とそうでない人がいます。

実際に私が学会で聞いた言い争いの例を紹介します。議題は、血管の動きに関するものでした。

血管が動く様子を映した映像を見ていたある参加者は、「これって川の流れに似ているね」と言い出しました。川は、流れが緩やかなときは曲がっていても、勢いが増すと曲がっているところを突っ切って真っすぐに流れようとします。「血管の動きは川の流れのダイナミクスと関係があるのではないか」とその人が言うと、参加者の意見は真っ二つに分かれました。「たしかに似ているね。おもしろい。関係性を探ってみよう」というYesのグループと、「何を寝ぼけたことを言ってるんだ。血管と川は違うに決まってるだろう」という、Noのグループです。

このNoと言う人たちには、実は工学系の方が多いのです。なぜかというと、その分野、たとえば川の研究を何十年もやっている人などがいて、そういう人にとっては「今さら血管と同じとか言われてもねぇ」となるからです。その分野を知りすぎているために既存の枠組みから出られないわけです。

「AとBは異なる。以上！」。

これでは発展性が一切ありません。しかし、「AとBには関連性があるかもしれない」としたらどうでしょう。異なるものを同じと言う勇気です。これを持てない方は、残念ながら、数理科学的なセンスがないと言わざるを得ないのです。

物事を単純化する勇気

もう1つ、数理科学的アプローチに欠かせない考え方があります。それは、「勇気を持って単純化できるかどうか」です。これもまた、学会で言い争いになった例をお話ししましょう。

テーマは血管の成長でした。ある研究者は、数理科学的アプローチを用いて、「よく使われる部分の血管は太くなる」と仮定してモデル化をしました。理由は「よく使われる部分は流れが多いだろうから太くなるだろう」。たったこれだけ、ものすごく単純です。

ここでもYesと言う人とNoと言う人がいました。「きっとそうだ。検証してみよう」という肯定派と、「血管が成長するメカニズムはものすごく複雑だ。そんな単純なわけがない」という否定派です。後者は、単純化に対して、ものすごく抵抗がある人たちですね。だから、いろいろな反応をスーパーコンピュータに入れてガーッと計算して…とやりたがるわけです。

現実は複雑、たしかにそのとおりです。

こちらも、そんなことは百も承知です。でも、そう言っていては一生かかっても実際の仕組みを解明することができません。頭の柔軟性を残すこと、これがとても大切なのです。

ちなみにこの数年後、その単純化をした研究者が正しかったことが卵細胞の血管ネットワークの研究で示されました。

効率化と予測でバッチリ使える

さあ、いよいよ具体的な話に入っていきたいと思います。

数理科学的アプローチの使い道は、大きく分けて2つあります。いわば「こんなときバシッと決まる」という急所中の急所です。

その1つが、効率化・最適化です。物事を効率よく進めたい、最適な手段を見つけたいときに数理科学がバッチリ効いてきます。

このときの武器が、何と言っても微分です。こう教える人はまずいないと思いますが、最適化＝微分だと思っていただいて構いません。微分法は、最適化ツールとして最適だと言えるのです。

もう1つが予測です。物事が将来どうなるか予測したいときに、もっとも精密に予言してくれるのも数理科学です。

これこそが、まさに神の領域に近づくという話です。実験しなくても「これはこうやったらこうなりますよ」なんて予言できますから恰好《かっこう》いいですね。数理科学の一番の醍醐味と言えるかもしれません。ここで使える武器は、微分はもちろん第1時限でもお話ししたフーリエ解析です。あとは、固有値などもぜひ紹介したいと思います。

「分ければワカル」って本当？

さぁ、では効率化・最適化の話から始めましょう！

みなさんは、ムダとりで有名なトヨタ生産方式には「分ければワカル」という考え方があるのをご存じですか？　人間は対象範囲が小さい方が理解しやすいので、分けると無駄や問題点が見えやすくなります。そのようにして、分けたその範囲内で問題解決をしようとすることを言います。いわば「部分最適」ですね。

では、部分最適を積み上げていくと「全体最適」につながるのでしょうか。うーん、甘い（笑）。残念ながら、必ずしもそうはなりません。実は、直感だけで物事を解決しようとすると、このワナに陥りがちになります。全体最適解は、カンや経験だけでは得られない場合があるのです。そんなときに私たちを助けてくれるのが数理科学なのです。まさに微分法が、私たちの常識を覆してくれます。

では、実際に問題でためしてみましょう。

いよいよ練習問題にトライ！

ある2点にみなさんが所有する工場があるとしましょう。この2つの工場間で、できるだけコストを掛けずに物を運べる道路を造るとします。みなさんは、どんな道路を造りますか？

――2点を直線で結びます。

はい、そのとおりです。この2点がどこにあろうと、2点の最短距離は2点を結ぶ直線になります。

では、条件を変えてみます。

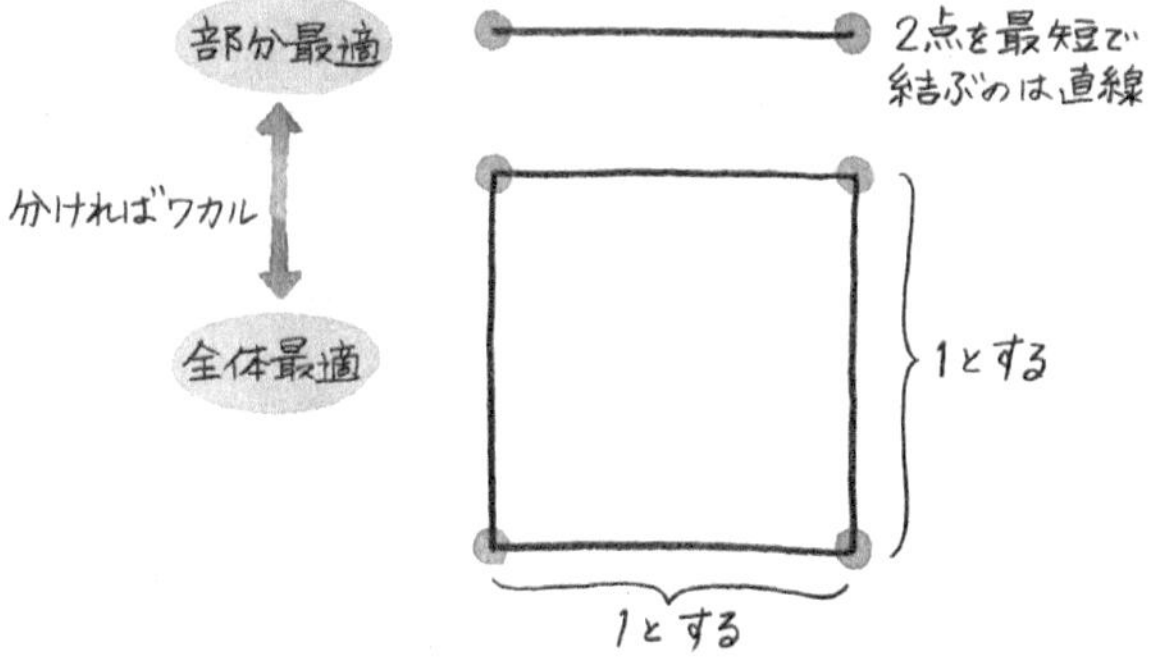

図2-1　部分最適は全体最適につながる？

工場を増設しました。2点の下にもう2点加わったらどうでしょう。正方形、長方形でもいいんですけど、工場は全部で4カ所になりました。この4カ所の間で、もっとも効率良く物を運ぶ道路を造りたい、というわけです。全部をつないで、しかも道路の長さが最小になる結び方を考えていただきたいのです。距離が短ければ、建設コストも物を運ぶコストも最少になります。

プリント回路基板として考えても同じです。電子部品同士をつなぐ銅線の長さを最小にできます。長さのトータルを最小に、つまり全体最適の解を求めたいわけです。

1つ、例を挙げましょう。たとえば、隣り合う2点を直線で結び、正方形とすることんな結び方はどうでしょうか（図2-1の下）。

これでも4ヵ所をすべてつなげていることになりますよね。一辺の長さを1とすると、トータルの長さは4です。では、この4よりも小さい結び方を考えてみてください。ここで5分間、差し上げます。Thinking time!

――一筆描きでないとダメですか。

一筆描きでなくていいです。

――交点はいくつでもいいのですか。

いくつでもいいです。とにかく4ヵ所を結ぶ道の距離の和が最小になっていれば、何をやってもOK。ただし、2次元でないとダメです。この平面上であれば制限はありません。

答えを見つけなければ会社が倒産してしまうかもしれませんよ！　思い付いたらどんどん描いてみてください。

カンだけでは見えない

ちなみにピタゴラスの定理は知ってますよね……（図2-2）。

直角三角形の斜辺以外の辺の長さをa、bとすると、斜辺の長さは

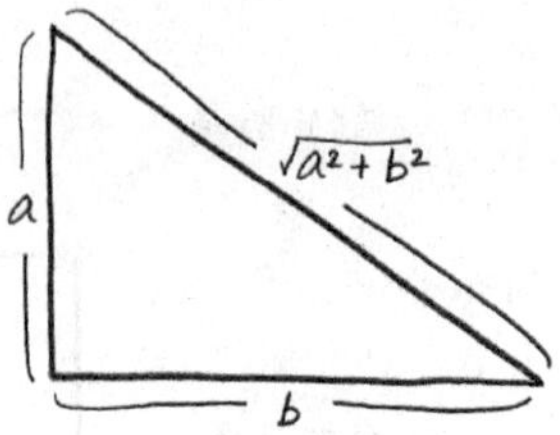

図2-2　ピタゴラスの定理

$\sqrt{a^2+b^2}$

これは数学の「単語」だと思って覚えてください。記号や定理については、みなさんにどの程度まで受け入れていただけるかわからないので、念のため、こういうのも全部、説明していきます。「数学は苦手」という人も安心してくださいね。

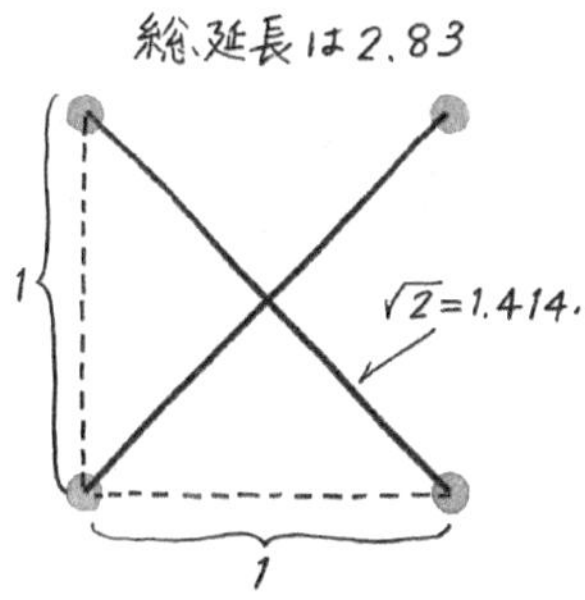

図2-3　これが最小だと思った人！
あなたの会社は倒産します

さあ時間です。

――4点をX字で結ぶ…でしょうか（図2-3）。

お〜っ、いきなり核心に近づいてきました。トータルの長さは、いくつでしょうか。1辺が1ですから、先ほどのピタゴラスの定理を使うと斜辺が$\sqrt{2}$、つまり1.41くらいになります。X字ですので2倍にすると、2.83くらいですか。見事に4以下になりました。すばらしいですね。

でも本当にこれが最小だと思いますか。そう思った方、あなたの会社は倒産します（笑）。

実はこれこそが、部分最適にハマった例なのです。2点では直線で結ぶとたしかに最小になりました。だから、4点になっても2点を直線で結べば全体最適になるだろうと考えたのですね。本当の答えは、これではありません。もっと短くなる結び方があります。2.83ではなく、2.73くらいになる方法が…。

私はこの問題で、ここを強調したかったわけです。カンだけで問題を解こうとすると、たいてい、この2.83の解になります。でも本当は2.73。

たかが0.1の差かもしれませんが、実社会の物流問題だったらコスト面で相当な損をします。ですから、カンだけに頼るのは非常に危険だと私は言いたいのです。

では、どうやって結べば2.73が得られるのでしょうか。第3時限でその答えを明らかにしますので、それまでにぜひ考えてみてください。

■第3時限

効率化の切り札　微分は「傾き」のこと

これが最短になる結び方です

正方形の形をした4点すべてを道路で結び、しかもその道路の総延長を最小にするにはどうしたらいいか、第2時限から考えていただいていました。正方形の1辺を1とすると、たとえば4点をX字で結んだときの総延長は約2.83になりました。

このX字で結ぶ方法、実は非常に惜しいんです。惜しいんですが、これよりも短くなる結び方があります。

――あっ、わかった！

図3-1①ですね。いいですね〜。ありがとうございます。では、この総延長を計算してみましょう。さぁ、ピタゴラスの定理を思い出しましょう。これを使えば、上下の辺を斜めに結んだ2本の線の長さが$\frac{\sqrt{5}}{2}$だとわかります。2本なので$\frac{\sqrt{5}}{2}\times 2$で$\sqrt{5}$。$\sqrt{5}$は2よりは大きいので、残りの1辺の長さ1を足すと3以上になってしまいます。X字で結ぶよりも長くなります。残念！

図3-1②や図3-1③を考えてくれた人もいますね。計算してみるとわかりますが、

どれも最小ではありません。

そろそろ答えを言いましょうか。正解は図3-2のような感じです。

微分法がすばらしい理由

図3-2のような形だと最小で4点を結べるのです。

では、みなさんも試行錯誤を重ねた結果、何とか、この形に行き着いたとしましょう。

この次が大事です。図3-3に示したここの長さをxとします。

4点を結ぶ線の総延長を最小にするには、このxをいくつにすればいいのでしょうか。

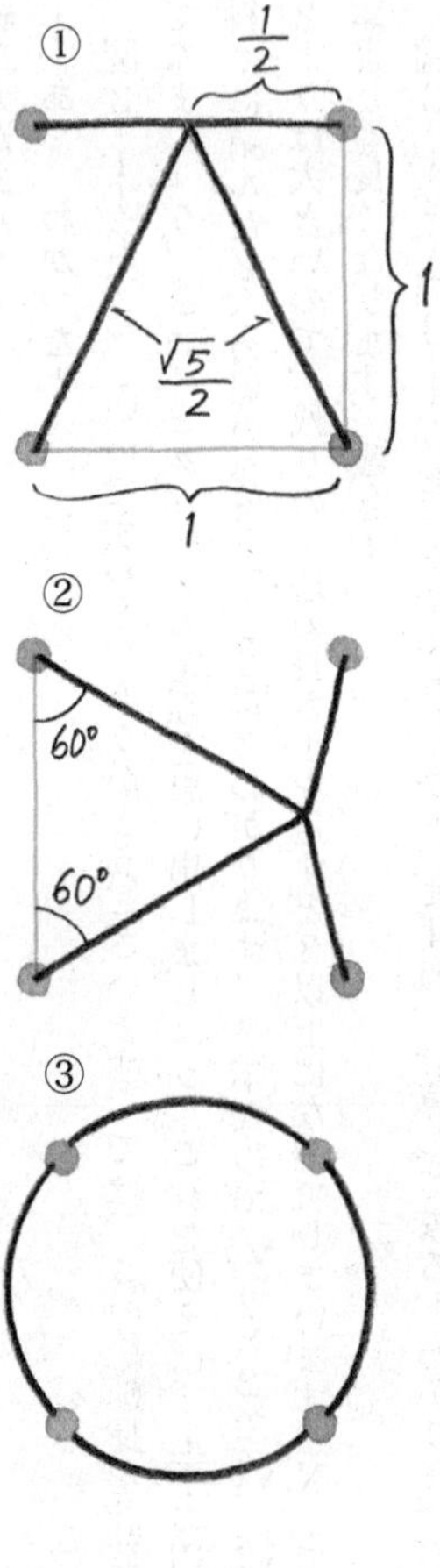

図3-1　生徒たちの案

ここでいよいよ、精密科学である微分法が役に立つことになるのです！　このxを出してみましょう。

安心してください（笑）。私が答案用紙のように書いていきますので、みなさんは微分法を思い出しつつ感覚を温めてください。微分法は今後、何度も登場しますので、今、全部を理解できなくても8割ぐらいの理解度で十分です。毎回、登場するたびに、しつこく同じことを言いますから、「安心してください」。

ではここで問題です。この総延長を、xを用いた式で表してみてください。理数系の方

図3-2　これが答えです！

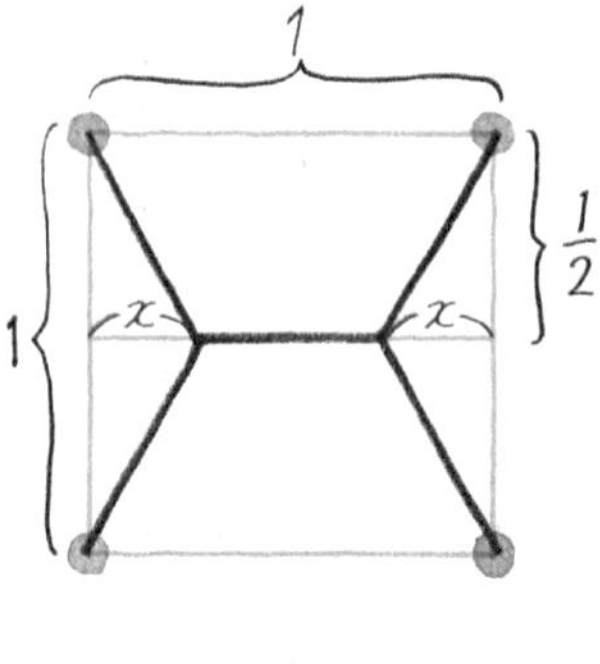

図3-3　問題です。総延長をℓとして、xを用いた式にしてください

$$\ell(x)=4\times\sqrt{x^2+\frac{1}{4}}+1-2x$$

図3-4　答え。xが0→0.5に動いた結果、ℓが3→2.83に変わる

はそんなに難しくないと思いますよ。

答えは図3-4のようになります。

総延長の最小は、xが0~0.5の間にあるはずです。xが0だと、Hのような形になるので総延長は3。0.5だと、4点をX字で結んだ形になりますから総延長が約2.83になりました。xが0から0.5に動いた結果、総延長が3から2.83に変わるのだから、Xで結ぶのが最小なのではないか…カンに頼ると、そう考えてしまいがちです。でも違うのです！

こういうところに数理科学を感じませんか？　X字で結ぶ解を出してしまうのは、「部分最適を積み重ねれば全体最適になるだろう」と考えるからですね。でも、必ずしもそうではないのです。この問題では、部分最適（2点を直線で結ぶ）を繰り返しても全体最適（Y字を横に重ねたような形）の解は得られません。その事実を数理科学で明快に示している好例なのです。

それに、カンだけで、このxを用いた式までたどり着けたとしても、数理科学というツールのない人は、0~0.5までのすべての数字をxに当てはめていかなければなりません。xが0.1の場合はいくつ、xが0.2の場合はいくつ…でも、0.1と0.2の間に最小があったら困るから、0.01もやらなくちゃ。こんなことでは、キリがありません。

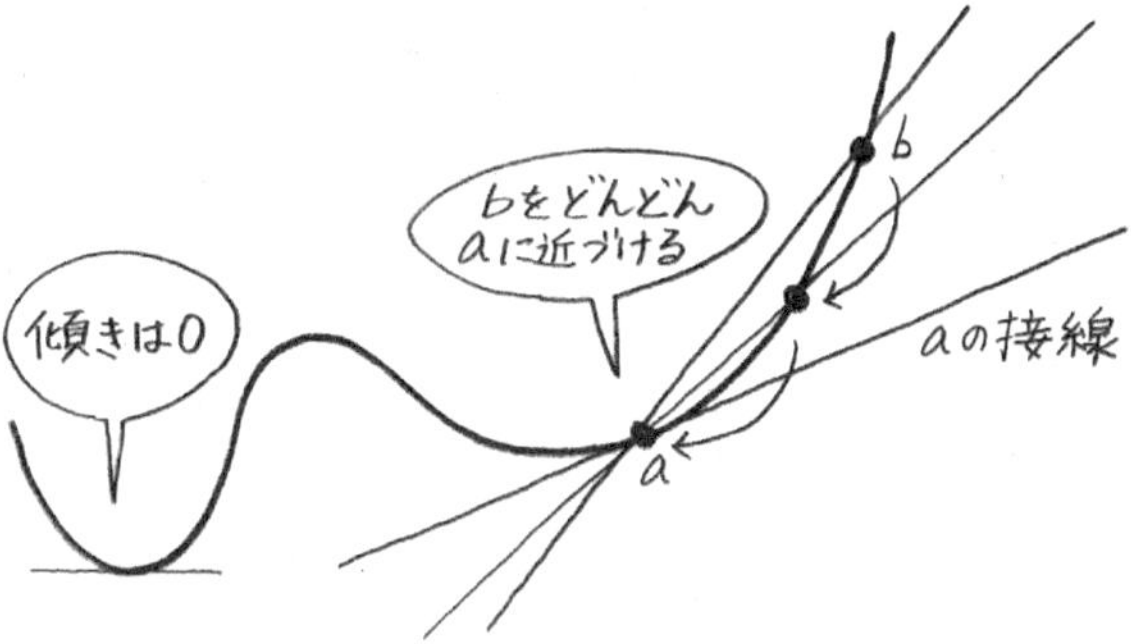

図3-5　微分とは「傾き」のこと

ところが、微分法を使えば、この問題の場合、どこに最小があるのかを一発で求められるわけです。すばらしいと思いませんか？　微分法の基を作ったニュートンさんも、微分法そのものを作ったライプニッツさんもエライ！と私は思うのです。

変化をとらえる武器

では、ニュートンさんとライプニッツさんは、我々に何を教えてくれているのでしょうか。

「式をxで微分して0と置くと、最小／最大などの点がどこにあるかわかるよ」ということなんです。でも、この文章、よくわからないですよね。そもそも「微分する」とは何なのか、と。

一言でいえば「傾きを求めること」です。

図3－5のようなくねくね曲がった線があるとしましょう。

そして、その線のどこでもいいので、aとbという2つの点を描き込みます。その2点を直線で結びます。さらに、どちらでもいいのですが、bをaにどんどん近づけていきます。すると、2点を結ぶ直線の傾きも変化していきます。最後にbとaをほぼ一致させると、この点上に1本の線が描けます。これが接線です。微分では、この接線の傾きを求めることができるのです。

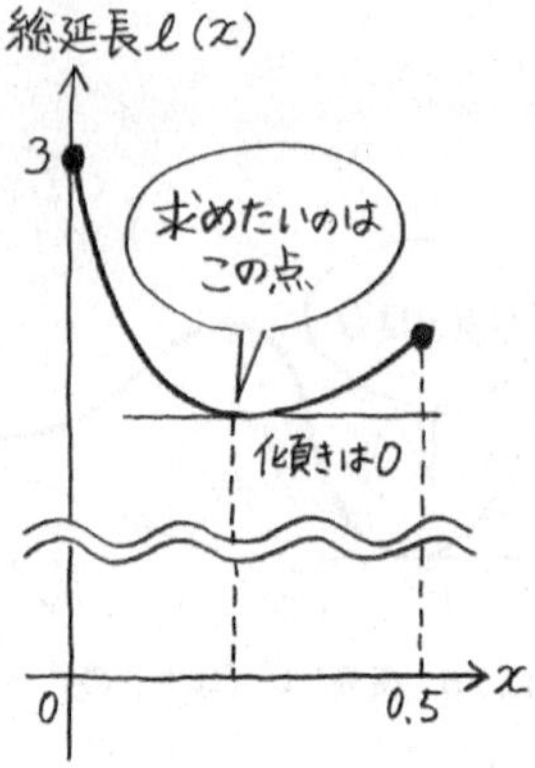

図3-6　求めたいのはこの点！

接線の傾きがわかると何がスゴイのでしょうか。曲線が下がって上がる谷底のところ、あるいは上がって下がる山頂のところに接線を引いてみると…何かに気付きませんか？　これらの点の接線の傾きは、必ず0になっているんです。

傾きの変化のポイントがどこにあるかが、接線を調査することでわかってしまうのです。これが微分法の肝です。このイメージをぜひ持ってください。「変化を捉えたければ微分すればいい」というわけです。こう覚えておけば、これからいろいろなところで応用が利きます。実社会にある課題だって次々に解けますよ！

先ほどの問題に戻りましょう。総延長の式をグラフ化すると、こんなイメージになります（図3-6）。

我々が求めたいのは、この傾きが変化する点、つまり、接線の傾きが0になっているところです。さっそく、微分したいところですが、その前に微分法の「文法」をおさらいしておきましょう。たとえば、

$$y=x^2$$

を微分するとどうなるか。この式をグラフ化すると放物線になります。これは習いましたよね（図3-7）。

先ほどと同じように、この線上にaとb、2つの点を描きます。2点を結ぶ直線の傾きは、図3-8の式で表せます。

$$b+a$$

これが傾きです。

では、先ほどと同じようにbをaに近づけましょう。どんどん近づけると、bがaに重なります。重なるので、$a+a$で$2a$。接線の傾きは$2a$だとわかります。

x^2を$x=a$で微分したら（傾きを求めたら）、$2a$になりました。ここでライプニッツさん

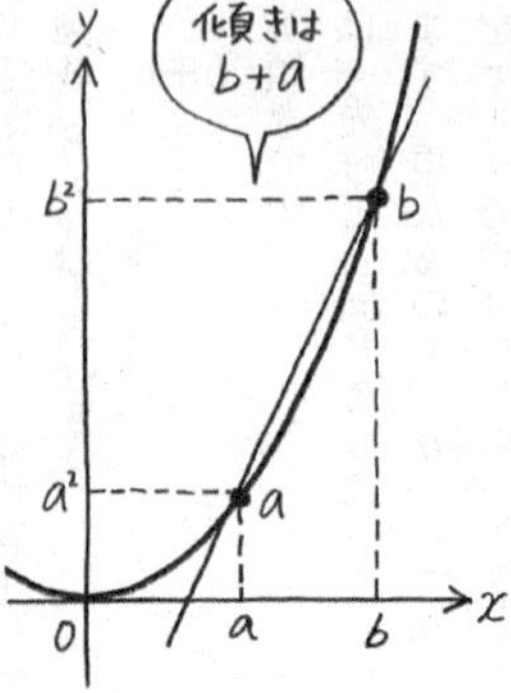

図3-7　$y=x^2$のグラフ。傾きはb+a

$$\frac{b^2-a^2}{b-a}=\frac{(b-a)(b+a)}{b-a}$$

$$=b+a$$

図3-8　計算すると…

は、はたと思い当たりました。

「あれ？　a^2が$2a$。aの肩の2（荷）が降りたようだな」と（笑）。それで、$y=x^3$も試してみたら、$3x^2$になった。こうして規則性が見えてきたわけです。

接線の傾きは、xの肩にある数字を前に持ってきて、肩の数字から1を引けば求まります。

思考錯誤が着想を生む

ではとにかく微分してみましょう。さっきの総延長を表した関数をもう一度、書きます。

$$\ell = 4 \times \sqrt{x^2 + \frac{1}{4}} + 1 - 2x$$

微分は、$\ell'(x)$とか$\frac{d}{dx}$とかで表します。この$\frac{d}{dx}$では、dを約分して消してはダメですよ。こういう記号を見たら、「傾きを表している」と思ってください。ビビる必要はありません。それから、$\sqrt{x}$を微分すると、このようになります。

$$\sqrt{x} = x^{\frac{1}{2}}$$

↓ 微分

$$\frac{1}{2}x^{\frac{1}{2}-1} = \frac{1}{2}x^{-\frac{1}{2}}$$

$$= \frac{1}{2} \times \frac{1}{\sqrt{x}}$$

これは、単なる「文法」だと思って覚えてくださいね。それから、ルートの中身が式になっている場合は、その中身の式も微分して、それを掛けないといけないというルールがあります。* これも、文法です。

さて、あとはつまらないのですが、やるしかありません。

次のように解いていきます。

$$\ell(x) = 4 \times \sqrt{x^2 + \frac{1}{4}} + 1 - 2x$$

↓ 微分

$$\frac{d}{dx}\ell(x) = 4 \times \frac{1}{2}\left(x^2 + \frac{1}{4}\right)^{-\frac{1}{2}} \times 2x - 2$$

$$= \frac{4x}{\sqrt{x^2 + \frac{1}{4}}} - 2$$

↓ これを0と置くと

$$0 = \frac{4x}{\sqrt{x^2 + \frac{1}{4}}} - 2$$

$$^{1}\cancel{2} = \frac{^{2}\cancel{4}x}{\sqrt{x^2 + \frac{1}{4}}}$$

$$2x = \sqrt{x^2 + \frac{1}{4}}$$

$$4x^2 = x^2 + \frac{1}{4}$$

$$3x^2 = \frac{1}{4}$$

$$x^2 = \frac{1}{12}$$

$$x = \frac{1}{2\sqrt{3}} = \frac{\sqrt{3}}{6}$$

これでxが求まりました。ここでは総延長の答えを出しませんが、後で出してみてください。$\ell(x)$のxに$\sqrt{3}/6$を代入するだけですから。

すると、約2.73になります。これが全体最適の正しい解になります。でも、これで満足していてはいけません。この答え、もっと深い意味があります。

図3-9を見てください。

何か気付きませんか。このxを底辺とする三角形は、特別な三角形なんです。3辺が1：2：$\sqrt{3}$になっている場合は……そう正三角形の半分です。

これは、正方形状の点の配置だけではなく、長方形にも応用できます。

微分する前の式（図3-4）をもう一度、見てください。最後に

$$(1-2x)$$

を足していますが、この1というのが横の長さを示しています。微分したら、1は残りませんでした。つまり、横の長さがどうであろうと関係がないのです。最小を求める場合は、図3-9のように示した角度が120°になるわけです。

——最初にYを横に重ねたような形が最小になるとおっしゃいましたが、その着想を得るにはどうしたらいいのでしょうか？

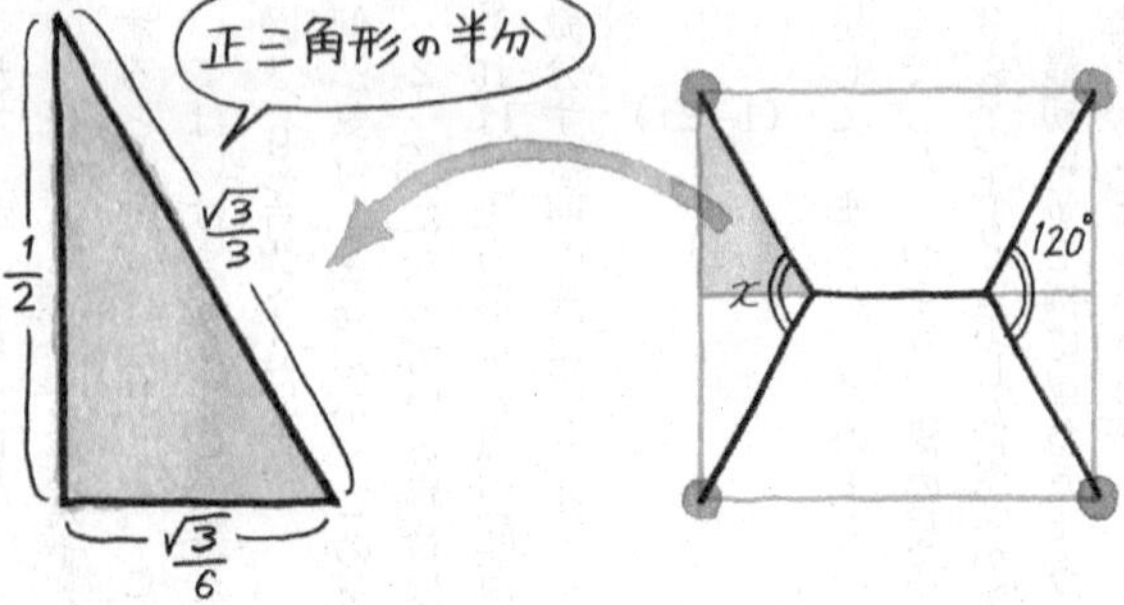

図3-9

たしかにそこは難しいですね。まず、試行錯誤を重ねることが大切です。

実は、第一線で活躍する科学者も、当たりを付ける段階では高校レベルとか、場合によっては中学校レベルの数学で思考を遊ばせます。とにかくいろいろと線を書いてみて、短そうなものを探すのです。ここはプロの科学者も中学生も同じなのです。だから、みなさんからも決して遠い話ではないと思うのです。

＊ルートを微分するには「合成関数の微分」を使う。たとえば $\sqrt{a^2+b}$ を微分するとき、まず全体を微分して、

$$\frac{1}{2}\cdot\left(a^2+b\right)^{-\frac{1}{2}}$$

と求め、さらにこれにルートの中身(a^2+b)を微分したもの、すなわち2aを掛ける。これにより、

$$\frac{1}{2}\cdot\left(a^2+b\right)^{-\frac{1}{2}}\cdot 2a$$

となる。

第2章

未来を予測する（微分方程式）

■第4時限

未来が見える「水晶玉」　面倒な計算はコンピュータに任せる

科学者が持つ「水晶玉」

数理科学が、使い方によっては実社会で役に立つパワフルな武器に成り得ること、そして、それがピタッとはまる分野の1つに最適化・効率化があることを第1〜3時限でお話ししました。実はもう1つ、数理科学の力を存分に発揮できる分野があるんです。それが「予測」です。

世の中にある事象の将来を完璧《かんぺき》に予測する――これは、科学者たちの究極の目標と言っていいかもしれません。最適化・効率化では、時間を止めた「その時」だけを考慮する問題が多いのですが、予測では時間という要素が入ります。時間は限りなく続くもの。だから、難しいのです。

それでも科学者たちは、手の中の武器を駆使して予測を試みます。「ここで震度○の地震が起きると、どこどこで火事が発生する可能性が……」などと言う科学者がいるでしょう。あれは、どうやって予測していると思いますか？

この章では、予測において科学者たちがどのような武器を持っていて、それらをどう使

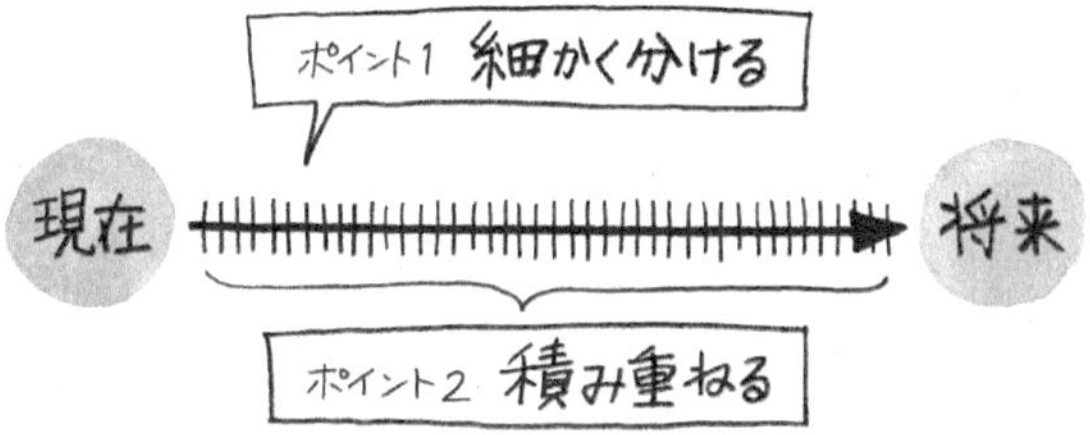

図4-1　細かく分けて積み重ねると…

っているかを学びます。

その中身を知れば、さまざまな実社会の問題への活用も十分に可能ですし、「科学者たちが予測を外すのはどうしてか？」というのもわかります。考え方や一番大事なエッセンスだけをお話ししますので、「難しいのは苦手」という方も怖がらなくて大丈夫ですよ。

さぁ、科学者たちが持つ「水晶玉」をのぞいてみましょう！

ほんのちょっと先なら予測できる

現在という地点を考えましょう（図4-1）。ここから将来にたどり着くまで、いろいろなことが時間とともに変化します。どんなに優秀な科学者でも、突然、将来がどうなるかなどというのは予測できません。でも、ほんのちょっと先だったらできます。たとえば、0.1秒後。

今、みなさんはこの部屋にいます。そして、0.1秒後もここにいるでしょう。それはそうですよね。動きようがないですから(笑)。これが、第1のポイントです。現在から将来まで

次の状態$(t+dt)$ − 今の状態(t) = 変化

図4-2　次の状態から今の状態を引いたら変化になる

の間をできるだけ細かく区切る、つまり、「微分」するのです。細かくミクロに取っていくと、その前とあまり変わらないはずなので予測ができるのです。

問題は、この次です。たとえば0.5秒後や1秒後くらいでしたらなんとか予測できそうなのですが、もっと先になると困ってしまいます。ここで活躍するのが積分なのです。細かく分けた1個1個をていねいにたどって、最後にすべて積み重ねるのです。この作業を一瞬でやってくれるのが積分です。この授業では、細かな計算は必要がなければやりませんが、予測の基本にある考え方はこれだということは覚えておいてください。

微分は予測でも使える

細か〜く区切った1つ分。この短い時間をdt、現在の時刻をtとすると、図4-2の式が成り立ちます。

次の状態から今の状態を引いたら、変化になったという当たり前の式です。でもこれが微分方程式になっているのがわかりますか？

——……（シーン）。

では、もうちょっと具体的に考えてみます。たとえば、生徒のC君の人気度を予測するとしましょう。ここでは人気度（ファンの数）をUと置いて、それを図にすると図4-3になります。

現在の時刻tの人気度$\mathrm{U}(t)$をこの点、次の時間$t+dt$の人気度$\mathrm{U}(t+dt)$を右上の点とします。

この2点を結ぶ直線の傾きが、tから$t+dt$に移る間に起こる変化を表していることになります。変化なしなら傾きゼロ、上昇傾向ならプラス、下降気味ならマイナスになるはずです。傾きを求めると図4-4になります。

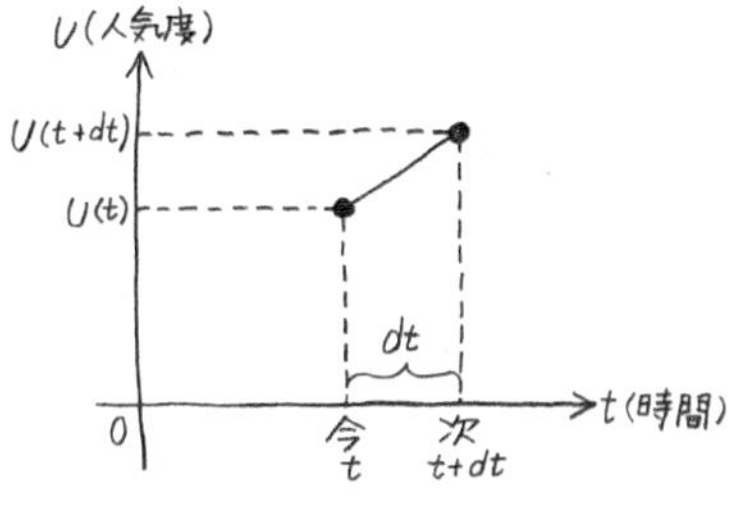

図4-3　人気度の変化は…

これは、微分方程式そのものです。予測においては「微分＝変化」。微分はここでも強力な武器になるわけです。

モテるやつはどんどんモテる

それでは問題です。C君の人気度が毎日、+1ずつ変化するとします。式にすると、

$$\mathrm{U}(t+1)-\mathrm{U}(t)=1$$

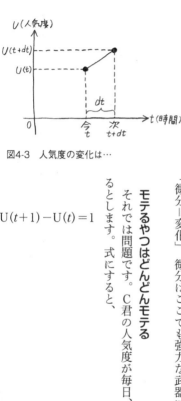

微分の式と同じ

$$\frac{U(t+dt)-U(t)}{dt} = \text{傾き} = \text{変化}$$

図4-4　傾きは変化

が成り立つわけです。U(0)が0人だとすると、10日後にはファンが何人になるでしょうか。

答えるまでもないですよね。答えは10人です。こんなかんたんな式でも、しっかり予測は成功しているのです。

では、次の式はどうでしょう。

$$\frac{U(t+1)-U(t)}{1} = U(t)$$

…モテる人の式

こうなると、先ほどのようにかんたんに計算できそうもありません。これはつまり、「変化が自分自身に比例する」と言っているのです。

まず、私がこの式を見たときに頭に思い浮かべるイメージを言います。「モテないやつはさっぱりモテないのに、モテるやつは輪をかけてモテるんだよ」という感じですね（笑）。図を描けば、みなさんにもこのイメージをつかんでいただけると思います。

図4-5をごらんください。

最初はこのくらいの人気なのに、次はこれだけ伸びて、次はもっと伸びて、その次はもっともっと伸びる。最初はぐっと、次にぐぐっと、その次にはぐぐぐぐ〜っという感じです。このハッスル感、わかりますか？

これに比べて、先ほどのC君の人気度はどうでしょう。かわいそうですが、ちょこちょこ伸びているイメージでしかありません。

ぜひ、このイメージを持っていただきたいのです。

「この店はすごいはやってるなぁ」とか「やっぱりモテるやつは違うなぁ」とか、何でもいいのです。イメージがあるのとないのとでは、武器の使いこなし方がまったく変わってきます。

ではここで問題です。次の式が持つイメージはどのようなものでしょうか。

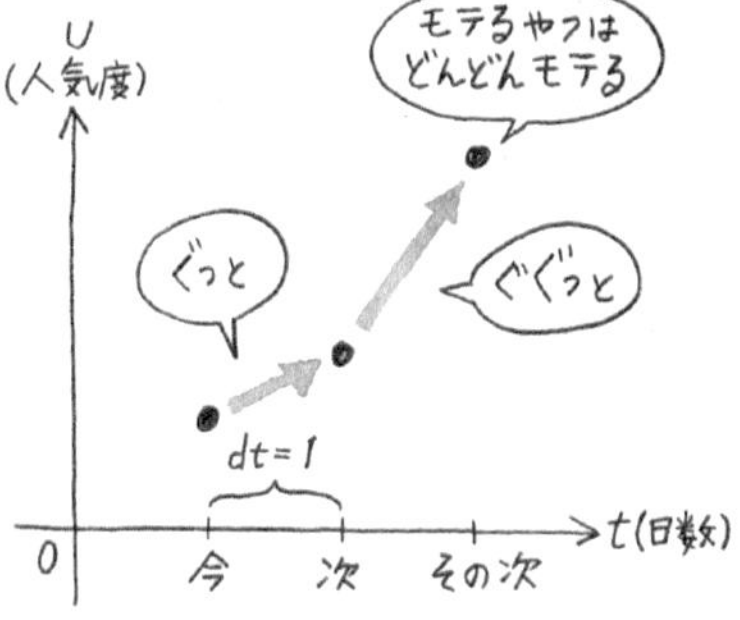

図4-5　モテるやつはどんどんモテる

$$\frac{U(t+1)-U(t)}{1}=U^2(t)$$

…もっとモテる人の式

そうです。これは非常にスゴい人だと気付きませんか？　破竹の勢いで人気急上昇中の世界的大スターに違いありません。

イメージできるようになれば、式をきちんと解く必要などないかもしれません。重要なことは、式を解いた答えから得られる結論なのです。もし高い精度で結果を知りたい場合は、後の面倒な細かい計算をコンピュータ君に任せてしまえばいいのです。逆に言うと、イメージさえ描けるようになれば、世の中の事象をかなり式に置き換えられるようになります。そうすれば後は望むべき精度で予測結果が得られます。式を立てられるのは人間だけです。私は、ここを強調したいのです。だからぜひ、式をどんどん立ててみていただきたいのです。

$$\frac{U(t+dt)-U(t)}{dt}=U(t)$$

↓ dtが限りなく0に近い

$$\frac{dU}{dt}=U(t) \xrightarrow{\text{解}} U(t)=e^{t}$$

図4-6　オイラーによって解が見つけられた！

ここから先は上級者編

最後にせっかくですので、ご紹介した2つの方程式の決定的な違いについて触れたいと思います。Uの式よりもU^2の式の方が、人気の上昇度合いが圧倒的に高いことはイメージいただけたと思います。でも、その差を大きく分けるある事実がこの方程式の中に隠れています。

何だかおわかりですか？

これはとてもおもしろいので、2つの方程式をもう少し詳しく解説していきましょう。

まず、Uの式を、dtがものすごく小さいとして微分を使って表します。

図4-6を見てください。

この解は昔、オイラーさんという偉い数学者が見つけました。ネイピア数といわれる数e＝2・71828……のt乗、つまり、

$$U(t)=e^t$$

となります。e^tは指数関数といって、とても大事なものです。詳しくは後ほどとりあげますので、ここでは「そんなものか」と思っていただいて結構です。

次はU^2の式。これは、積分を使うと解けます。

ここから先は少し難解なので、あまり興味のない方は飛ばしていただいていいです。中身を知りたい方のために、式を解いていきます。

積分は、微分の逆操作で求まります。たとえば、x^2を微分すると「肩の2を降ろして前に持ってきて、肩の数字から1を引けばいい、すなわち$2x$」と第3時限で勉強しました。

さぁ、頭の体操です。x^2を積分したらどうなるでしょうか。肩の2は、1を足せばいいから3になります。でも、x^3を微分したら、$3x^2$になるんでしたよね。この3が邪魔です。であれば初めから$\frac{1}{3}$を掛けておけばいいということで、答えは$\frac{x^3}{3}$になるわけです。

U^2の式は、$\frac{dU}{dt}=U^2$と表すことができます。この式のUを左辺にまとめると、$\frac{dU}{U^2}=dt$となります。これを、図4-7のように積分していきます。sがタテに伸びたような記号$\int$は積分の記号です。

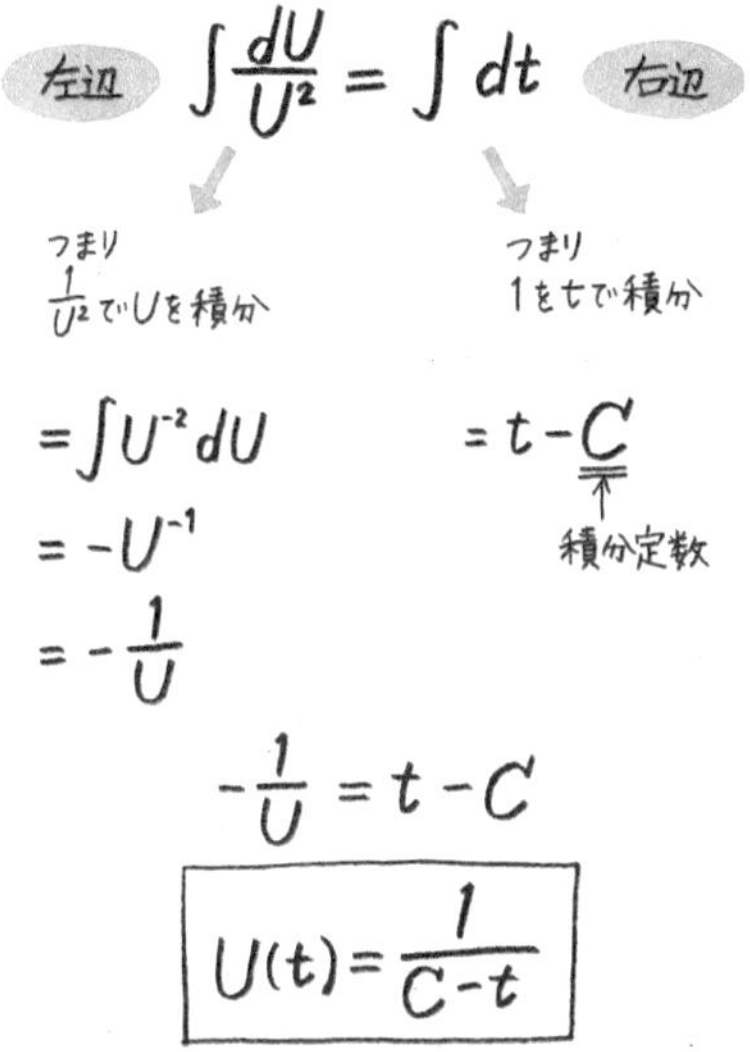

左辺
$\int \frac{dU}{U^2} = \int dt$
右辺
つまり
$\frac{1}{U^2}$でUを積分
つまり
1をtで積分
$= \int U^{-2} dU$
$= -U^{-1}$
$= -\frac{1}{U}$
$= t - C$
積分定数
$-\frac{1}{U} = t - C$
$U(t) = \frac{1}{C-t}$

図4-7　分母がゼロになると……？

大スターがついに世界征服？

Cは積分定数と呼ばれるもので、積分したら必ずこれを足す必要があります。この数はいろいろなほかの条件で決まるのですが、ここでは3としておきます。

では、改めて最後の式に注目してください。分母が$C-t$ですね。これを図にすると図4−8のようになります。

先ほどCを3としましたから、tが3になったときに分母が0になります。これは、無限大ですね。言うなれば、大スターが「世界征服」を果たした瞬間なのです。マイケル・ジャクソン

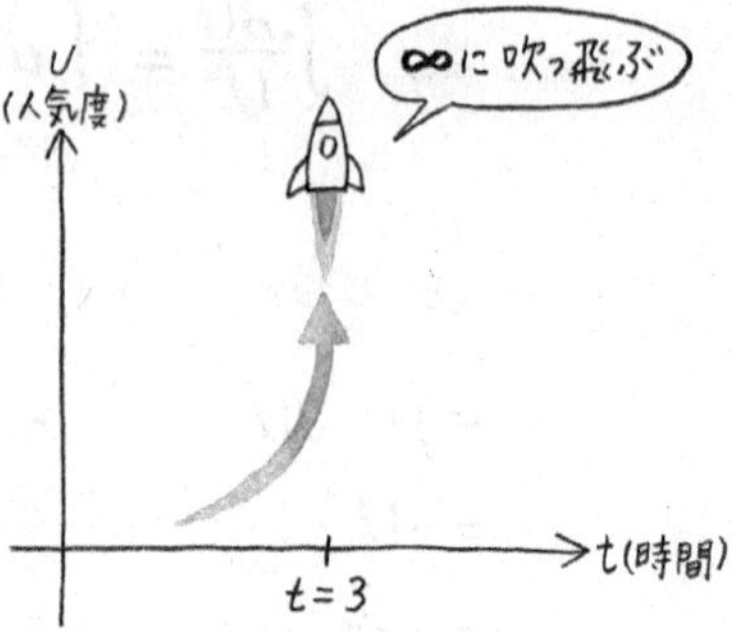

図4-8　世界を征服する人のグラフ

とか、レディー・ガガってところかな？

では、

$$U(t)=e^t$$

のモテる彼はどうでしょうか。人気は急上昇しますが、どの時点で見ても無限大になることはありません。マイケル・ジャクソンやレディー・ガガとは、非常に大きな違いだと言えるのです。

第5時限ではいよいよ、自分で式を立てる練習をします。お楽しみに！

■第5時限

式のイメージを持てば、人生だって数式で表せる

科学者だって必死に式を立てる

第4時限の授業で、物事の将来を予測するのにも微分方程式がパワフルな武器になるとお話ししました。かなり難しいことを短時間でお伝えしてしまいましたので、第5時限は本題に入る前に少しおさらいをしておきましょう。

まず、こんな座標系を思い浮かべてください。縦軸は、将来を知りたい事象の状態を表すU、横軸を時間tと置きます（図5-1）。

将来を予測するということは、この座標系にいくつもの点をプロットし、線を描くことでもありますよね？　線を描くためには、現在（t）と、そのちょっと先の将来（$t+dt$）の間に、どのような変化が起こるのかを考えます。tと$t+dt$の間で生じた変化は、線の傾きで表現できる。つまり、微分方程式で表せると勉強しました。

科学者が予測をするときも、この方法を用います。将来を正確に「予言」するために、それはもう必死に式を立てるわけです。

実は、これが今回の本題です。科学者と同じように、みなさんにも式を立てていただき

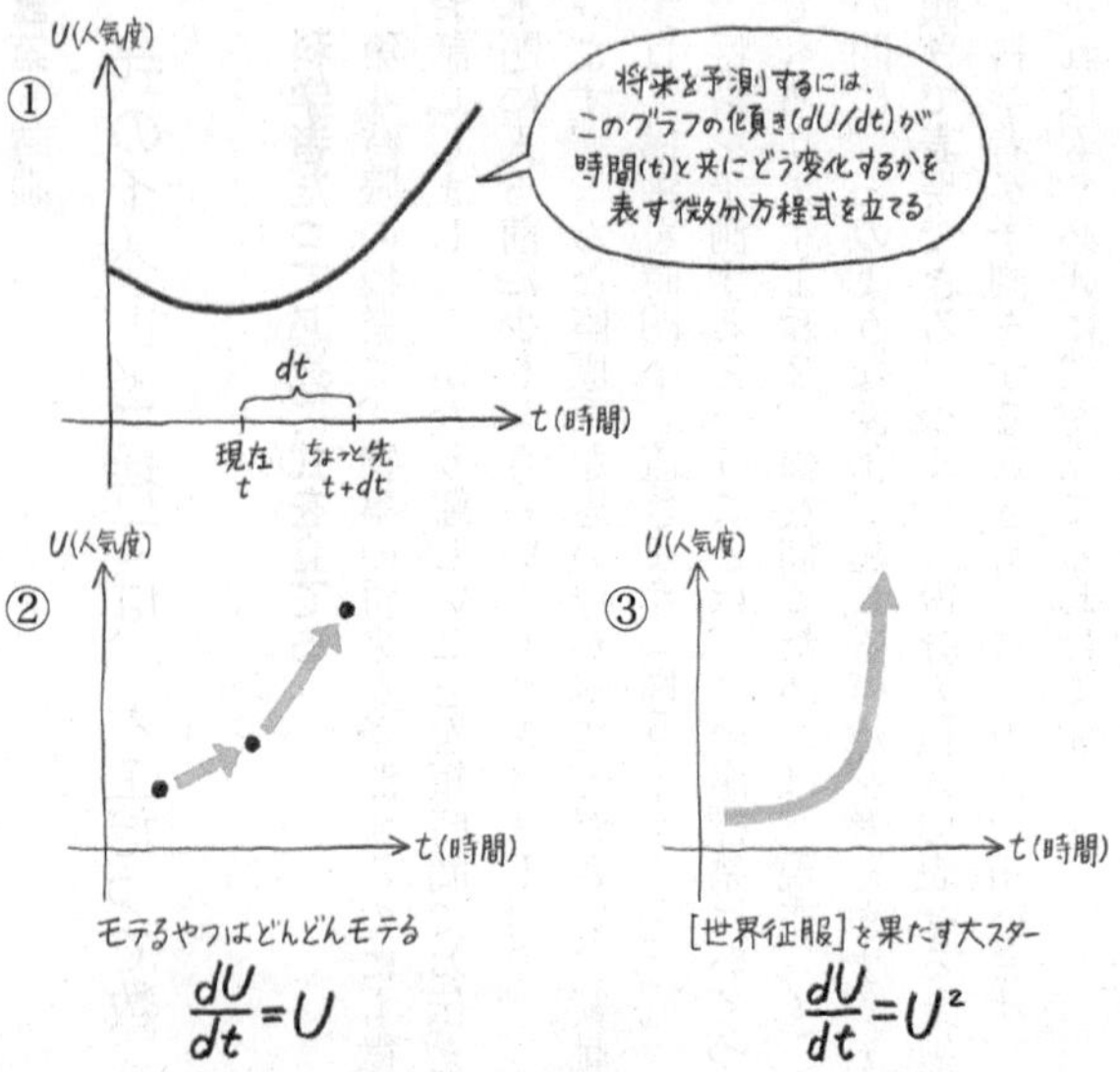

図5-1　ちょっとおさらい

ます。

「そんなことを言われても、急にできっこない」と思われるでしょう。でも、常日ごろ、式をイメージで捉《とら》える訓練をしていれば、予想以上にかんたんに式を立てられます。

第4時限で、私は「$\frac{dU}{dt}$＝Uのイメージは、モテ始めると輪をかけてモテるやつ」とか「$\frac{dU}{dt}=U^2$のイメージは、あるときに『世界征服』を果たす大スター」などとお話ししました（図5－1の②と③）。そんなお話をしたのは、イメージを捉える感覚をつかんでいただきたかったからです。どの教科書にも載っていない「西成秘伝の技」ですので、本書を読みながら習得していっていただければと思います。

では、いよいよ式を立てることにしましょう。

あなたの人生、占います

用意はいいですか？　今からみなさんに式を立てていただくお題は、「あなたの人生」です。

前回は、座標の縦軸であるUは人気度（ファンの数）としました。今回は、このUを「私の運気」に変えてしまいます。自分自身の将来がどうなるか、知りたいですよね？

では例として、私、西成の運気を式にしてみましょう。微分方程式を作るときは、まず左辺をdU/dtとします。そして右辺に、人生に影響を及ぼすだろうさまざまな現象（因子）を放り込んでやるのです。これがミソです。

そして、プラス因子は足し算に、マイナス因子は引き算としてどんどん書き加えていきます。たとえば私は時々、テレビ番組に出演することがあるのですが、出演すると、それを見た人から別のオファーが来ることがあります。知名度が上がれば上がるほど、それに比例してもっと知名度が上がる。これには、先ほどの「輪をかけてモテる式」であるUを使ってみましょう（図5-2）。比例定数kを掛け合わせて、kUとしておきます。このkは

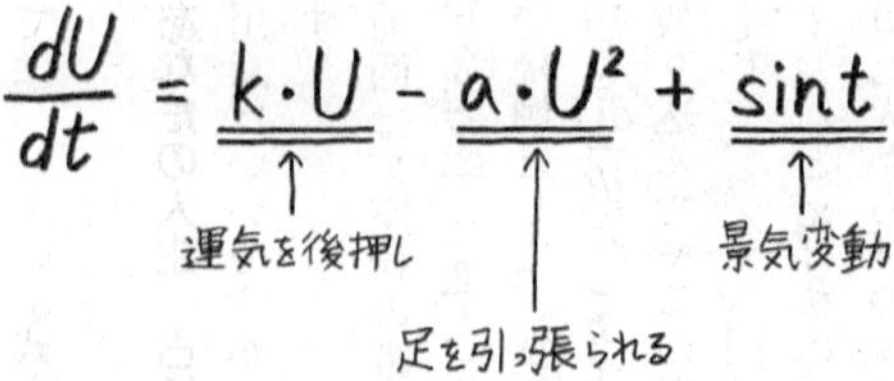

図5-2　西成の人生の式。Uを運気とすると…

単なる数で、図5-1②では$k=1$でした。

その一方で、足を引っ張ろうとする人も出てくる。「なんだアイツ、テレビに出過ぎなんじゃないか？」という感じです。

足を引っ張る人は深く根に持つ場合が多いので、ここでは「世界征服」のU^2の式を登用してみましょう。やはり比例定数aを掛けて、引き算にします。これは「足を引っ張る」というマイナス因子ですから。

さらに景気変動も私の人生に影響を及ぼしそうです。いくらがんばっても、景気が悪ければ私に出演依頼は来ないでしょうし、企業も研究費を投資してくれなくなります。景気は上がったり下がったり波のように揺れるものですよね。これを表す関数が$\sin t$です。苦手な人も多い三角関数です。

「はかない恋心」と「宝くじ」の式

sin、cos、tanで知られる三角関数。実はこれがものすごく使えるのです。ここでもイメージで捉えてみましょう。$\sin t$のイメージは、「ゆらゆらゆらゆら、揺れるあなたの恋心」と覚えます（図5-3）。プラスとマイナスが代わりばんこに来る現象にならば何にでも使えます。少しマジメな話をすると、たとえば電波から受ける障害をモデル化するときなどにも使えます。

もう一つ、いい関数があります。「宝くじの関数」です。これは、正式にはデルタ関数といいます。デルタというのは、δ（delta）と書きます。

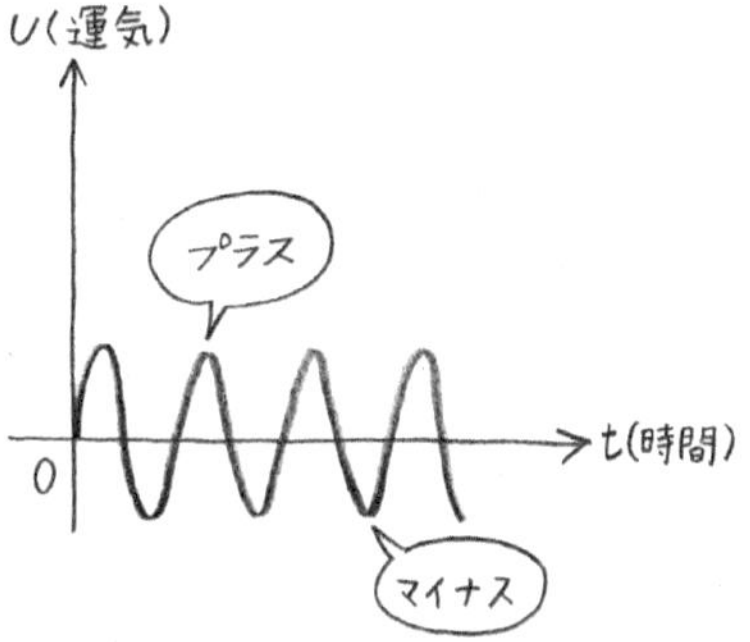

図5-3　sin tはゆらゆら揺れるあなたの恋心

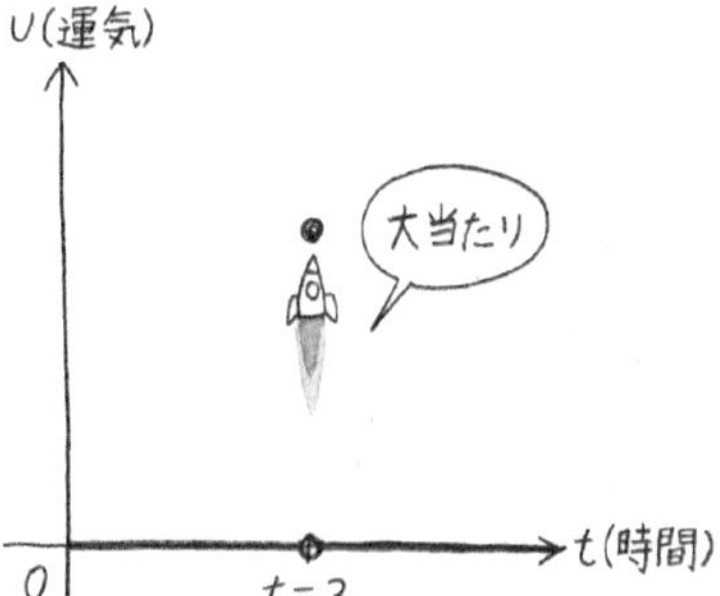

図5-4　$t=3$で発散する！

$$\frac{dU}{dt} = k \cdot U - a \cdot U^2 + \sin t + \delta(t-3)$$

図5-5　西成の人生の式が完成！

デルタ関数は、ある瞬間が来るとドンと一気に上昇する現象を表します（図5-4）。たとえば、

$$\delta(t-3)$$

として時間の単位が年である場合、私は3年後に宝くじが大当たりし、運気は急上昇します。

ここでも少しマジメな話をすると、デルタ関数は、たとえばエンジンの設計などに使えます。何かの部品がエンジン中で内壁にコンコンと当たっているとしたら、その回数だけ、これを足せばいいのです。それによりエンジンの損傷の予測ができたりします。デルタ関数は、切れ目なく影響を及ぼすのではなく、ボンと一瞬だけ影響を与える——そんなイメージだと覚えておいてください。

これで、私の人生の運気を表す式が完成しました（図5-5）。

人生を関数にするなんて、予測の専門家の方から「ふざけるな！」とお叱りを受けそうですが、ここで私が伝えたいのは、考え得る因子を表す関数を可能な限り右辺に書き出すということです。とにかくたくさん書いて出来上

がった式をコンピュータに入れて解けば、さまざまな事象の将来予測がある程度はできるということなんです。

しかも、「私はそんなに関数を知らない」という人でも大丈夫です。よく使う関数はたった7種類くらいですから。もしかすると7種類も要らないかもしれません。これまでの授業で紹介した関数だけでも、コンビネーションを使えば多彩な事象を表現できます。たとえば $e^{-t}\times\sin t$。これはどんなイメージの式かというと「はかなく消え行く恋心」といったところでしょうか。$\sin t$ は「ゆらゆら、揺れる」でした。e^{-t} は、前回の授業で登場した e^t（指数関数）が分母の分数（$\frac{1}{e^t}$）ですから、その揺れはどんどん小さくなっていきます。

「サチる」を式にしよう

――質問です。先ほどの人生の式では、因子同士の掛け算は出てきませんでした。たとえば、$kU\times\sin t$ としてもいいのですか。

いい質問です。掛け算は、因子同士が互いに関連しているときに使います。先ほどの $\sin t$ は、外的環境である景気を表現していました。このモデルで私は、$\sin t$ を「独立した因子」と判断したので、足し算にしたわけです。というのも、短い期間を対象にしていましたから。短期間の場合は、ほとんどの因子は独立していると考えていいです。このように、その因子が独立しているかどうかはどういうモデルにするかによるのです。

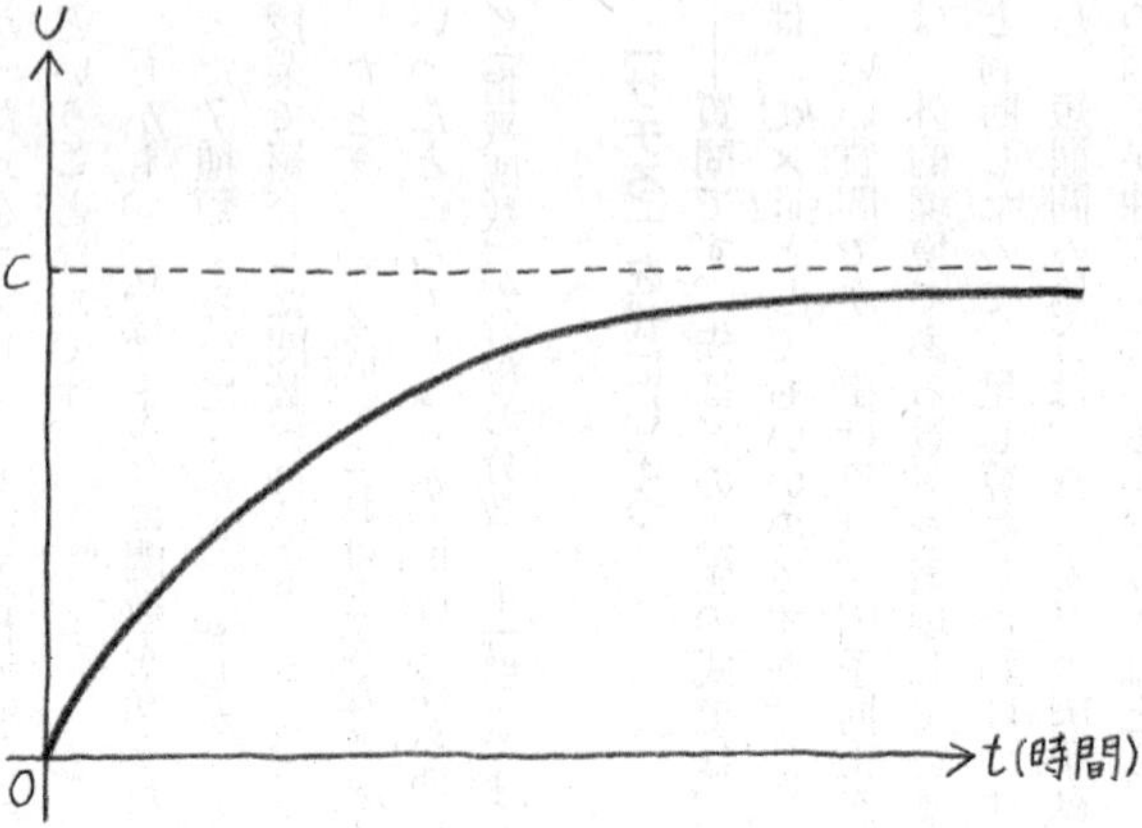

図5-6　クイズ！　飽和する（サチる）現象を微分方程式で表すと？　ヒント①今までの授業に出てきた関数だけで表現できます。ヒント②右辺のどこかにC－Uが出てきます

ここでみなさんにクイズを出しましょう。図5-6のグラフを表す微分方程式を立ててみてください。

これは最初はイケイケなんだけれど、ある程度先へ行くと飽和して、あとは一定になる、「サチる」という言葉でも表現される現象です。私の高校の先生がよく「サチる」という言葉を使っていて、当時の私はその意味がよくわかりませんでした。英語で「飽和」はSaturation。サチるはその英単語から来ていると後で知りました。

たとえば身長。「大人になっても伸びている」という人はいませんよね。さすがにもうサチっています。

では、考えてみてください。難しいけれどがんばって！「がんばったけ

ど答えが出なかった」でも構いません。出なくてもいいから、まずは考えてみましょう。

ただし少し難しいと思うのでヒントを出しましょう。式を立てるのに必要な関数は今までの授業ですべて登場しています。最初はイケイケ、最後は一定のCになるとします。つまり、一定になった時点で傾きはゼロですね。

もう1つ、大ヒントを出しましょう！　C－Uという式がどこかに出てきます。答えは第6時限でお伝えします。

■第6時限
科学者を悩ませるカオスの謎を「かんたんな図」で理解する

式と式を組み合わせる

第5時限で出した宿題は、一定の値に「サチる」式を作ることでした。いかがでしたか？このサチる現象は世の中にたくさんあります。有名なマルサスの「人口論」も、「人口は将来サチる」と言っています。それまで「人口はずっと伸び続けるから危ない」といわれていたのを、「そうではない、人口とか経済成長は将来サチるはずだ」と。そのときに彼が使った式なのです。

では、またまたヒントをあげましょう。途中まではサチるのを忘れて、イケイケでいい。そうしないと伸びませんから。それで、終わりの方で抑えて一定にしたい。サチるというのは、変化が……

――ゼロになること？

そう、ゼロです。終わりの方では微分してゼロにしたいわけです。…と考えていくと見えてくるはずなのですが、どうでしょうか？　とにかくこれができたら式を立てる感覚は十分です。今までの話は全部わかったことになります。式の中にUとC－Uが出てくると

答え $$\frac{dU}{dt} = aU(C-U)$$

図6-1　「サチる」を表す式

いうヒントは前回、出しました。

――組み合わせになるんですか？

そう、組み合わせです。逆に言えば、組み合わせでないと無理です。ひとつだけではできません。

もしかして余計わからなくなってしまいましたか。たしかにこれは少し難しいですね。ちなみに高校生の西成君はできませんでした（笑）。

答えは図6-1です。dU/dtは、UとC-Uの掛け算です。そして全体にaという定数を掛けておきます。これでOKです。

式は解かなくたっていいんです

ではなぜ、UとC-Uの掛け算でいいのでしょうか。

図6-2を見ながら進めてください。

まずは掛け算を開いてみます。すると、Uの2乗の項が出てきます。Uがすごく小さいときはイケイケです。U^2の項はUが十分に小さいときはじゃましません。小さい量を2乗したらさらに小さくなるからです。この感覚はすごく大事です。たとえば、0.1を2乗したら0.01になって小さくなりますよね。

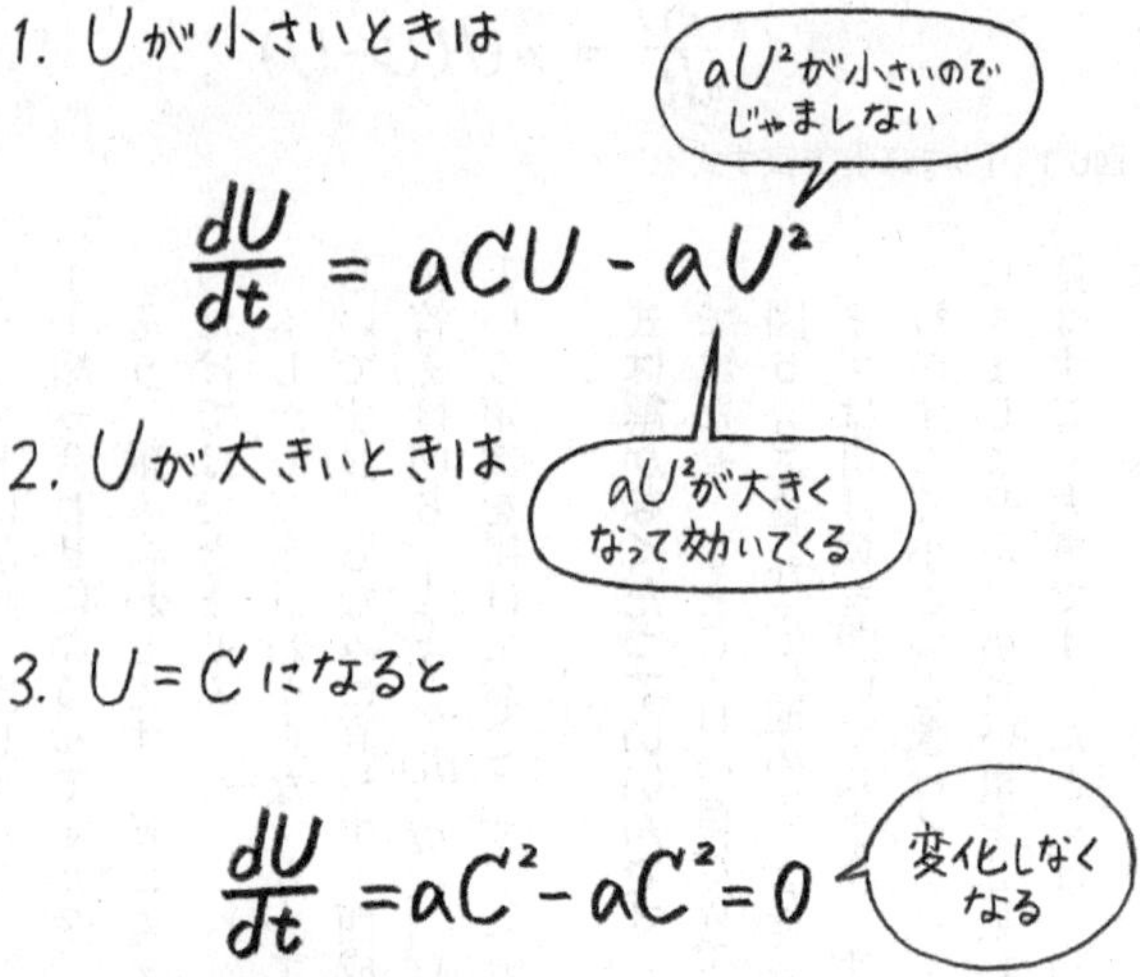
1. Uが小さいときは
aU²が小さいので じゃましない
$$\frac{dU}{dt} = aCU - aU^2$$
2. Uが大きいときは
aU²が大きく なって効いてくる
3. U=Cになると
$$\frac{dU}{dt} = aC^2 - aC^2 = 0$$
変化しなくなる

図6-2　これを「ロジスティック方程式」と言います

ただし、Uが大きくなってくると、U^2の項は無視できなくなってきます。U^2が効いてくるころに、UがだんだんCに近づいて、UがCになった途端にC－Uがゼロになるのです。次の時間にまったく変化がなくなるわけです。

もう1回、おさらいします。最初はUでずーっと引っ張っていて、Uがだんだん大きくなったところでU^2が効いてきて、最後に傾きがゼロになって落ち着く——。なんとなくイメージが湧いてきたでしょうか？

——Uは永遠にCに近づき続けるということですか。

そうですね。ものすごく近づく

のですが、厳密に言えば、無限に行ってやっとCになるという感じです。

実は、この式にはきちんと名前が付いていて、「ロジスティック方程式」と言います。サチるという現象をたったこれだけの掛け算で表現できてしまうのですから、すばらしいと思いませんか？

こんな式を見て、「いろんな方程式を作りたいな」なんて思っていただければうれしいです。

これを解くのはとても難しいというわけではないんですが、解くなんてヤボなことはここではしませんよ。ぐったりしてしまいますからね。そういうことはコンピュータ君に任せればいいのです。大事なのは、こういう式を作ることと、イメージを思い描くことです。

――コンピュータに入力すれば答えが出てくるんですか？

出てきます。数式処理ソフトを使って方程式をそのまま入力してリターンキーを押すと、一瞬でグラフが出てきてUがどうなるかわかります。ただしコンピュータは式を作ることはできません。これは人間が行うのです。

コンピュータ君もお手上げのカオス

実はこのロジスティック方程式は、カオスの話でも出てきます。カオス理論というのを聞いたことありますか？　予測できない、複雑な様子を表す現象のことです。

実は、どんな予測の式も解けるはずのコンピュータ君も、どうしても解けない場合があります。我々がコンピュータを使ってこういう式を解くときは、ある工夫をしてるのです。

ロジスティック方程式の元の式は

$$\frac{dU}{dt} = aU(C - U)$$

という形でした。この左辺を短い時間Δtでの傾きとするとこう表せます。

$$\frac{U(t+\Delta t) - U(t)}{\Delta t} = aU(C-U)$$

さらに、両辺にΔtを掛けて、左辺の$U(t)$を右辺に移項すると

$$U(t+\Delta t) = aU(t)[C-U(t)] \cdot \Delta t + U(t)$$

となります。これを次の時間、その次の時間…と計算していくのがコンピュータがやっているることなんです。

実は、このΔtが大きくなってくると、この方程式で計算されたUの値はぐちゃぐちゃになってしまいます。Δtを非常に小さいとして計算していけば答えにたどり着くのですが、Δtを少し大ざっぱに取ると、計算が間違っているわけではないのに答えがだいぶズレてく

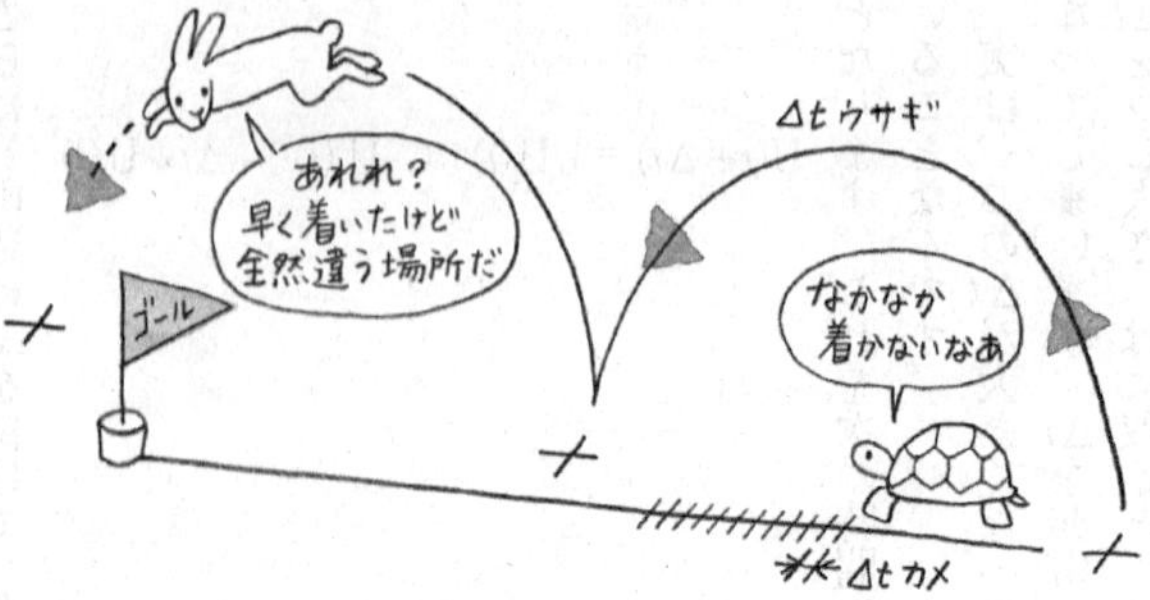

図6-3　Δtをどの大きさにするかが科学者の悩み

るのです。何回か計算をくり返すと、このズレが何度も入ってくるのでますます正しい値から離れていきます。その結果、本来とはまったく異なる予想になってしまうのです。

——発散するのでしょうか。

発散する場合もあるし、発散しなくても正確な状態かどうかもわからなくなってしまいます。Δtがある値を超えると、もう絶対に将来予測できなくなります。これがカオスです。

Δtをどこまでなら大きくしても許されるか。これが研究上、とても大事です。あまり小さくすると、なかなか計算が進みません。大きくしすぎるとカオスになってしまいます。

この落としどころをどこにするかで、ほとんどの研究者が悩むのです（図6-3）。

——カオスが起こるかどうかは、見極められないのでしょうか。

見極められます。かんたんにやってみましょう！

直角に行くと未来がわかる

難しいことを考えるときは、絵を描いてみるのがオススメです。この場合は、横軸xが現在の状態を表すU_n、縦軸yが次の瞬間の状態を表すU_{n+1}という図を描いてみます。図6-4ですね。

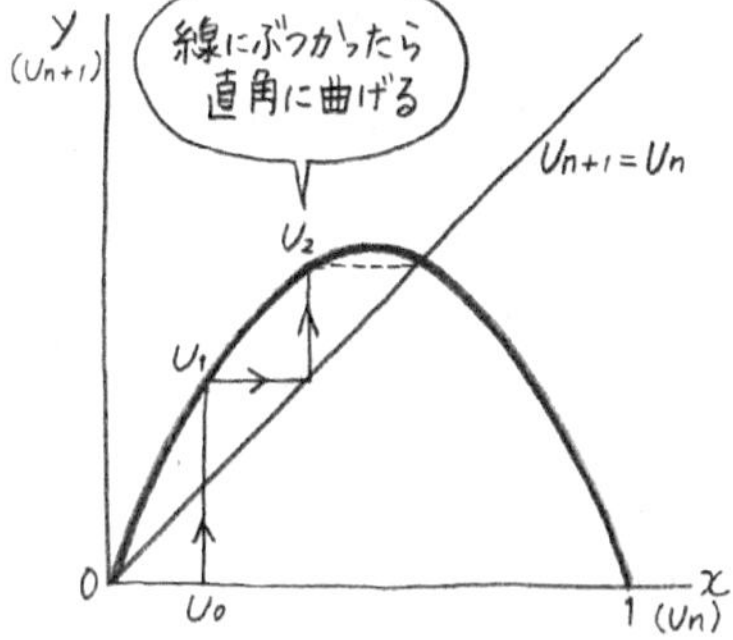

図6-4　壁にぶつかったら曲げていくと…

さて、先ほどのロジスティック方程式は、適当に変型すると、

$$U_{n+1}=bU_n(1-U_n)$$

という形に書けます。bは定数です。これは関数でいうと

$$y=bx(1-x)$$

のグラフですよね。なので、横軸上の0と1をとおって、2次関数なので上に凸な放物線になります。

そして、さらに$y=x$の直線を描きます。これは$U_{n+1}=U_n$の線です。

ここからがおもしろいところです。横軸のどこかの点、たとえば左端に近いところから見ていくとしましょう。それをU_0とすると、そこから上に行って曲線に当たるまで進みます。ここがU_1、つまり次の瞬間の状態です。

そこまで行くとU_1はもう「現在」だから、直角に右に曲がって、$U_{n+1}=U_n$の直線にぶつかるところまで進みます。で、次の瞬間の状態がどうなるかというと、そこでまた直角に曲がって上に行き、曲線に当たったところになります。これがU_2。でまた、U_2が現在になるので…と繰り返していきます。このように曲線と直線を交互に直角に曲がっていけば、将来がどうなるかを作図できるのです。

カオスの正体は$b=3.5699$

これがわかるとシビれます。未来の予測がコンピュータを使わなくても、こんなかんたんな作図でわかってしまうのですから。

実は、先ほどのロジスティック方程式のbの値によって、その後の折れ線の様子が変わってくるのです。bの値が1以上で、ある程度小さい（曲線の山の高さが低い）と、どこから出発しても最終的に直線と曲線の交点に落ち着きます。でもさらに大きくなってくると、図6‐5のように2つの値の間を行ったり来たりします。さらにbの値が大きくなって4に近くなると、図6‐6のようにぐちゃぐちゃになって将来の予測が不可能になります。

bの値がΔtを含んでいるので、bが大きいということはΔtを大きく取ったということで

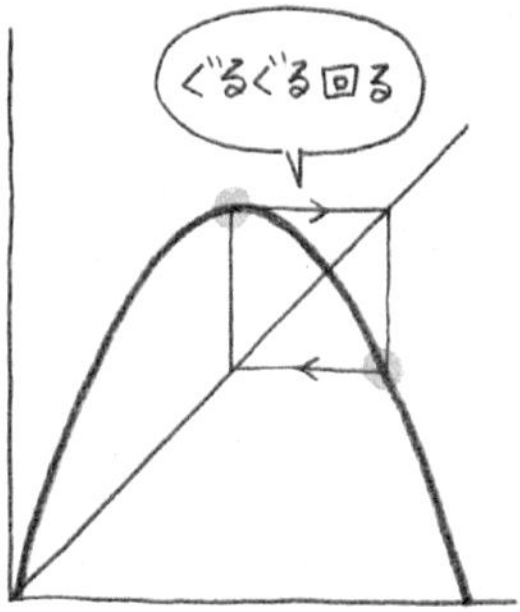

図6-5　ぐるぐる回る

図6-6　こうなるとカオス

すね。ぐちゃぐちゃになるのは、カオス理論からb＝3・5699……となることがわかっています。

――カオスは何にでもあるのですか？

いいえ。カオスがあるのは掛け算のような「非線形」が方程式に入っているときです。でも、世の中のほとんどの方程式、流体力学や弾性変形などでは注意しないとカオスが起こり得ます。だから、研究者や技術者の悩みの種になっているのです。

非線形については、本書の最後の方で詳しく解説しますので、ぜひ最後までお付き合いくださいね。

SEASON I

第3章

熱と恋（フーリエ変換）

■第7時限

複雑な変動でも予測できる最強の秘密兵器、教えます

微分だけでは「最強」ではない

第4時限から、数理科学が存分に力を発揮できる分野の1つに予測があること、そして、そこで微分方程式が強力な武器になることを勉強してきました。たしかに微分はパワフルです。でも、これをもっと強くするスパイスのような武器が2つあります。これらを加えたら、微分はもう予測の「最強兵器」。仕事の現場、とりわけ製品開発の現場などでは大活躍しますので、ぜひとも習得してくださいね。

1つめのスパイスは「フーリエ変換」です。これはとても使えます。私もこの間、これを使って大手メーカーと共同で特許を出願したばかりなんですよ！　フーリエ変換の上手な使い方が身に付けば、世界観がガラリと変わるはずです。式をイメージで捉えることが何よりも大事だと、この授業では何度もお伝えしてきましたが、そのイメージの世界がパ〜ッと開ける感覚をきっと味わっていただけると思います。

そんなフーリエ変換の勉強に、これからの3時限を費やします。そして、2つめのスパイスはというと……今は内緒。本書を読み進めてくださった方だけにお教えします。では

さっそく、フーリエの世界に突入していきましょう！

最初にかんたんな問題を考えていただきます。

図7－1を見てください。

こんなふうに、時間とともに変化する現象があるとします。東京の気温の変化とか、株価変動とか、何でもいいですね。この変動を示す線が将来どうなっていくかを予測してください。

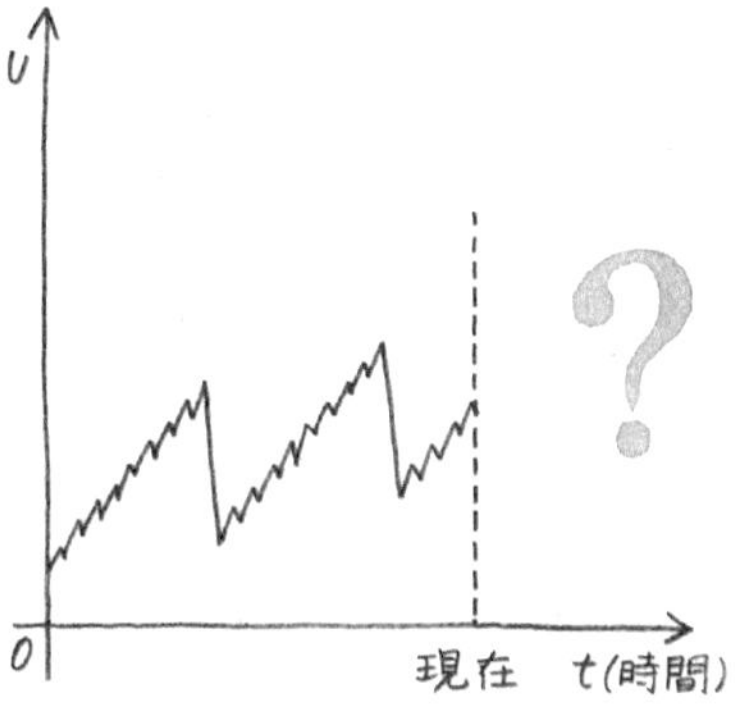

図7-1　問題！　将来はどんな線を描く？

人も科学も「過去を引きずる」

それにしても人間は過去を引きずるというもの。私もこう見えて、いろいろと過去を引きずっています。このグラフの将来予測でも、気持ちとしては過去の動きから「将来も同じようにギザギザを描きながら上がって下がる」と予想したくなります（図7－2）。

でも、この予測が正しいと言い切れる人はいますか？

そう、難しいですね。ある程度の説得力を持って言うためには、それ相応のロジック（論理）が必要になります。ここで活躍するのがフーリエ変換です。考え方の基本は、人間が過去を引きずるのと同じです。過去から何らかのパターンをえぐり出した上で将来を予測します。

これができれば、仕事の現場でも非常に役立ちます。たとえば、工作機械を開発しているとします。機械を動かすと、その機械の1つの部品が振動していて、かつ振動の仕方が変化していました。振動は機械にとって喜ばしいものではありません。予測のロジックがあれば、一定期間の計測データを基に、長期間使用した後の振動の仕方がどう変化するかを、ある程度は予測できるのです。これは便利ですね！

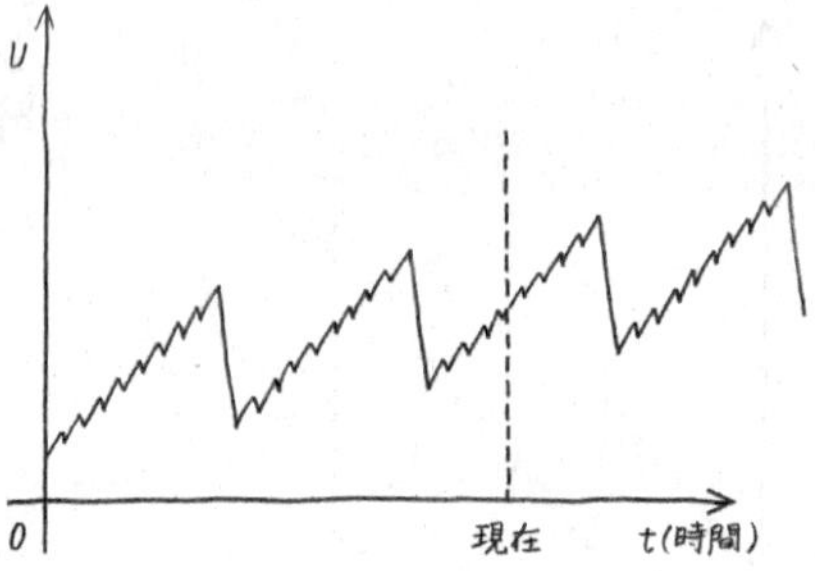

図7-2　過去のパターンから予測すると

すばらしいフーリエの世界に入る前に、これから頻繁に登場する言葉を整理しておきましょう。まず波長って何だかわかりますか？

図7-3のような波があるとします。たとえば、山のてっぺんを基点とすると、次の山のてっぺんまでが1パターン。この点から点までの長さを「波長」といいます。ゆったり

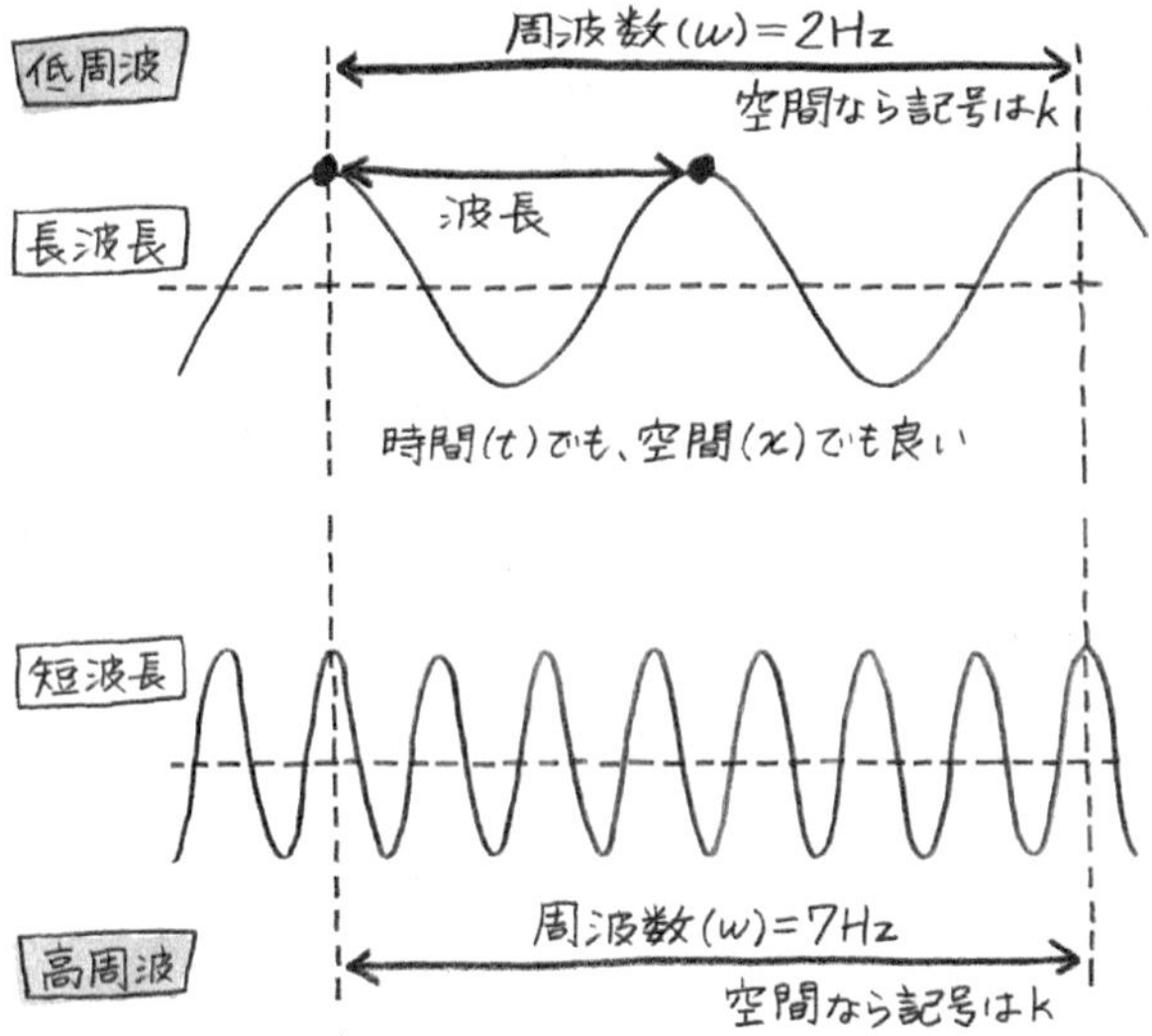

図7-3　波数はk、周波数はω

なだらかだと長波長、いそがしく上下していれば短波長になります。この波長の逆数を「波数」といって、記号はよくkと書きます。逆数なので、単位長さあたりに波がいくつあるかを表しています。振動や熱が空間を波打って伝わっていく様子を表すときに使います。

ここまでの横軸は空間（x）ですが、今度は横軸を時間（t）とします。そうすると、この波数は「周波数」になります。つまり、同じ1秒で区切ったとき、その中にパターンが何個入っているかを示します。なだらかな波が「低周波」、いそがしい波が「高周波」。周波数の記号として、よく使うのはω（オメガ、omega）です。漫画の鼻みたいな形をしていますね。

ぐちゃぐちゃな波の正体

突然ですが私が今から出す2つの声を聞き比べてください*。本で再現するのは難しいのですがイメージしてみてください*。

あ〜〜〜（平たんでくぐもった声）。これが1つめ。

次が、あ〜〜〜（ふくよかで広がりのある声）。これが2つめ。

前者と後者では何が違うのでしょうか。

最初の声は、なるべく440ヘルツの周波数だけを出したつもりです。440ヘルツというのは「ラ」の音。ブザー音のように硬い音に聞こえませんでしたか？　これに対して2つめは、柔らかく共鳴していました。これは、440ヘルツの周波数に加えて「倍音」といわれる880ヘルツの音なども含まれていたからです。

実際はもっと多くの種類の音が含まれていますが、ここでは2つめの「あ〜」が、単純に440ヘルツと880ヘルツの2つの波によって構成されていたとします。2つめは、これらを足し合わせた波になります。どんな波かというと、図7-4のような感じです。

2つの波を足し算したものです。ここは大事です。きれいな波を足し算すると、このよ

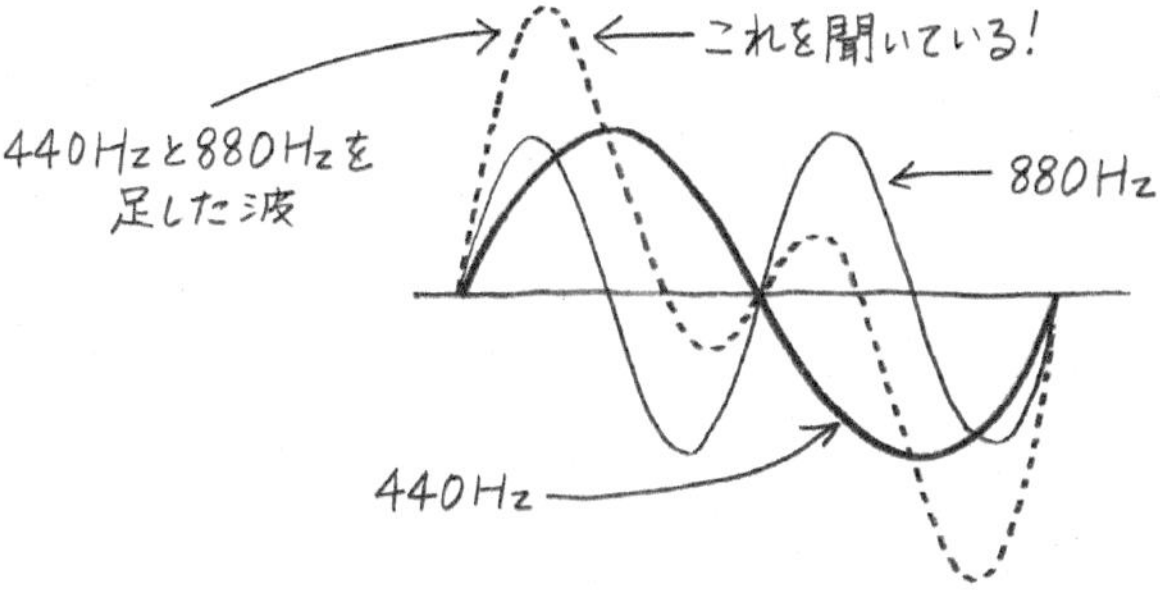

図7-4　波をグラフで表すと

うにぐちゃぐちゃな波になります。ということは、こうも考えられませんか？　冒頭でみなさんに出題した複雑な波も、シンプルな波をうまく足し合わせれば表せるんじゃないか――と。

実はこれは正しいのです。「フーリエの定理」といって、フーリエさんという偉い数学者が見つけました。細かい話をすれば例外もあるにはあるのですが、仕事の現場ではほとんどないと言っていいでしょう。ここは、私を信じていただくしかありません。

思い出してください。第5時限で、「$\sin t$ の式のイメージは『ゆらゆら揺れる、あなたの心』」と学びました。sin、cos、tan の三角関数です。この式と先ほどのωを使って周波数のωの波を式にすると、

$$y(t)=\sin\omega t$$

となります。これは、時間（t）が0から1秒になる間に、波の上下がω個入っている、という意味です。

だから、

440ヘルツなら
$y(t)=\sin(440\times 2\pi \mathrm{t})$

880ヘルツなら
$y(t)=\sin(880\times 2\pi t)$

となります。2πは単位をそろえるおまじないのようなものだと思ってください。

でも、よく考えてみると、先ほどの声は880ヘルツの音よりも440ヘルツの音の方が大きく聞こえていました。この音（波）の強さのことを「振幅」といって、式では$\sin\omega t$の前に係数を掛けて表します。

たとえば、440ヘルツの振幅が1で、880ヘルツの振幅が0.2だとすると、2つめの声の式は

$$y(t) = 1 \times \sin(440 \times 2\pi t) + 0.2 \times \sin(880 \times 2\pi t)$$

と表すことができます。

＊西成氏はオペラの勉強をしており、時折舞台に立つオペラ歌手でもある

「裏の世界」は美しい

式が出てきても怖がらなくて大丈夫ですよ。この授業で大切なのはイメージを持つこと！　細かい式の計算はコンピュータ君にやってもらえばいいんです。ではここでさらに集中してください。話はいよいよ核心に迫ります。

この式をもう少し恰好《かっこう》いいグラフにしてみましょう。今までは横軸が時間（t）でした

が、今度は横軸をωにします。縦軸は振幅（A）。
たとえば、

$$y(t)=2\sin t+0.1\sin 3t$$

という波があるとしたら、どんなグラフが描けるでしょうか。ω＝1のところのAが2で、ω＝3のところのAが0.1なので、図7-5のようになります。

こういうグラフのことを「パワースペクトル」と言います。ωが異なるいろいろな振動数成分が、波の中にどれだけの強さで入っているかを表すものです。例題では振動数成分が2つしか登場しませんで

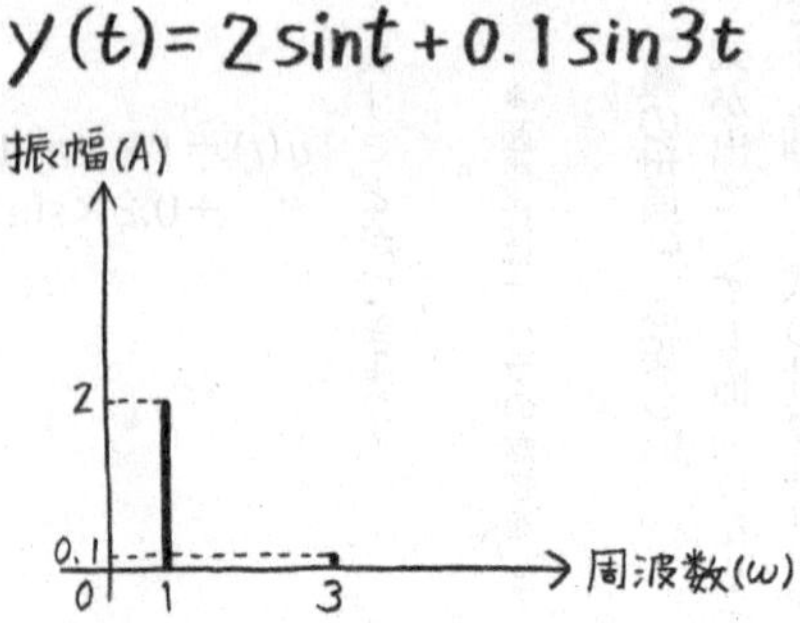

図7-5　$y=2\sin t+0.1\sin 3t$の式をグラフで表すと？

したが、実際にはωが0.1、0.2、0.3というふうに、あらゆる振動数成分に細かく分解してグラフを作っていきます。このパワースペクトルがわかれば、将来が予測できます。時間(t)を予測したい時間において、前出の$y(t)=$……の式を計算すればいいからです。

先ほどの波が我々の見ている「表の世界」だとしたら、このパワースペクトルは「裏の世界」。表の世界がどんなに複雑でも、裏の世界をのぞいてみると物事が意外とシンプルな場合があります。ここがミソです。そこに微分を入れると非常に使い勝手の良い最強の武器になるのですが、それは第8時限でゆっくりと説明します。

この表の世界から裏の世界へトリップすることをフーリエ変換と言います。ちなみに表と裏の世界を行ったり来たりするのは今やソフトウエアを使えばかんたんにできますので安心してください。

ではここでおなじみのクイズです。第5時限の授業で、「宝くじ関数」(正式名称はデルタ関数)というのを勉強しました。覚えています

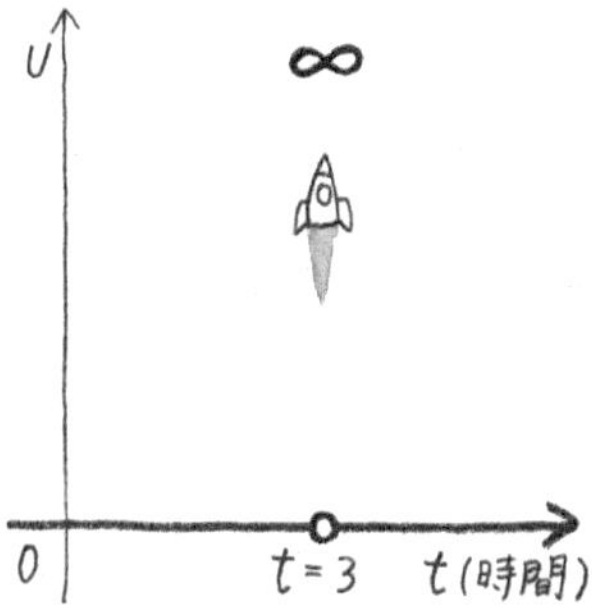

図7-6　クイズ!　下のデルタ関数をパワースペクトルにしたらどんな形?　$\delta(t-3)$は瞬間的に上昇する「宝くじ関数」

か？　たとえば、私の運気を表す式の中に、

$\delta(t-3)$

という式が入っていたとします。時間の単位が年なら、3年後に私は宝くじに大当たり。運気が急上昇する、とお話ししました。さて、この

$\delta(t-3)$

をフーリエ変換すると、どんなパワースペクトルが描けるでしょうか。第8時限までに、ちょっと想像してみてくださいね。

■第8時限

愛（i）のある「仏の目」なら未来がかんたんに見とおせる

波なら使えるフーリエの定理

第7時限からすばらしきフーリエの世界をご案内しています。今回は、その第2回。前回が序章だとすると、今回はお待ちかねの本章！

この授業の最後には、フーリエがなぜ予測の最強兵器なのかをきっとご理解いただけるはずです。

その前に、第7時限のおさらいをしておきましょう。

私たちは「どんなに複雑な波でもシンプルな波を足し合わせることで表現できる」と学びました。「フーリエの定理」です。波と予測の2つ。これらは一見、関係がなさそうで大いにあるのです。

私たちは、さまざまな現象の将来を予測しようとしています。

東京の気温の変化や株価変動など、何でもいい。その過去のデータを、縦軸が現象(U)、横軸が時間（t）のグラフにプロットすると…。そう、上がったり下がったりの波になります。

この波も、フーリエの定理によれば、さまざまなシンプルな波の足し合わせになっています。

たとえば、

$$y(t) = 2\sin t + 0.1\sin 3t$$

の波があるとすると、これは振幅（A）が2で周波数（ω）1の波と、振幅が0.1で周波数3の波の足し合わせという意味になります。

複雑な波をシンプルな波の足し合わせで書けたら、フーリエの世界に突入となります。この裏の世界では、縦軸が振幅（A）、横軸が周波数（ω）になっています。このグラフ上でプロットし直したものが「パワースペクトル」。

先ほどの例では波の数が2つでしたので棒グラフのようになりますが（P86の図7-5）、

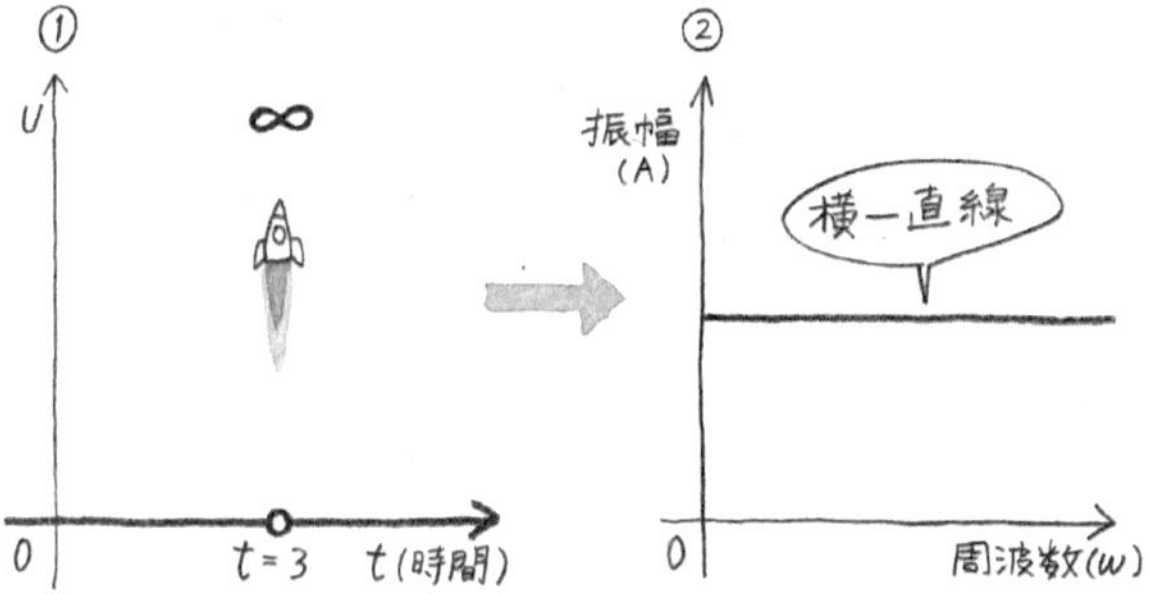

図8-1　①δ(t－3)のデルタ関数をパワースペクトルで表すと…？
②答えは横に一直線！

実世界ではもっとたくさんの波から構成されています。ですので、棒の頂上がつながって、また別の波を描きます。

シンプルな波の足し算

ここで記憶力のいい読者の方は、「あれ？　西成先生は第7時限のクイズのことを忘れてしまっているのではないか」などと思っていらっしゃることでしょう。忘れていませんよ。いよいよ答えの発表です。

第7時限の授業で出したクイズは、「宝くじ関数（正式にはデルタ関数）をフーリエ変換すると、どんなパワースペクトルが描けるか」でした。

答えはなんと、横一直線なのです（図8－1の②のグラフ）。

これは公式集に出ていることですし、詳しく説明し始めるとややこしいので割愛します。ただ、前回の授業でも少しお話ししましたが、表の世界では複雑なことが裏の世界では意外とシンプルだったりします。大事なのは、表と裏の世界の両方に慣れ親しんで、行ったり来たりすることです。

さぁ、準備は整いました。さらにフーリエの世界の奥深くへ進むことにしましょう。勢いよく突入したいところですが、ここでまたみなさんの嫌いな式が登場してしまいます。

でも大丈夫ですよ。面倒でややこしい話は飛ばして、要点だけをかいつまんで説明したいと思います。

先ほど、フーリエの世界では、縦軸が振幅（A）で横軸が周波数（ω）になるとお話ししました。なので、式の中にぜひ、この2つの記号を入れたいわけです。

シンプルな波は、

$$y(t)=A\sin\omega t$$

という式で表せるのでしたね。

では、複雑な波はどうか。

ここでもフーリエさんの言っていたことを思い出してください。複雑な波は、いくつものシンプルな波の足し算ですから、式にすると

$$y(t) = \sum_{\omega} A(\omega) \sin \omega t$$

となります。Aの後の（　）にωが入っているのは、振幅は周波数によって決まる関数だからです。

ここで新入りの記号「Σ《シグマ》」が登場しました。

Σは「和を取れ」という意味です。しかも、Σの下に小さなωが付いているので、「いろんなωについての和を取れ」という意味になります。でも、これには1つ問題があるんです。

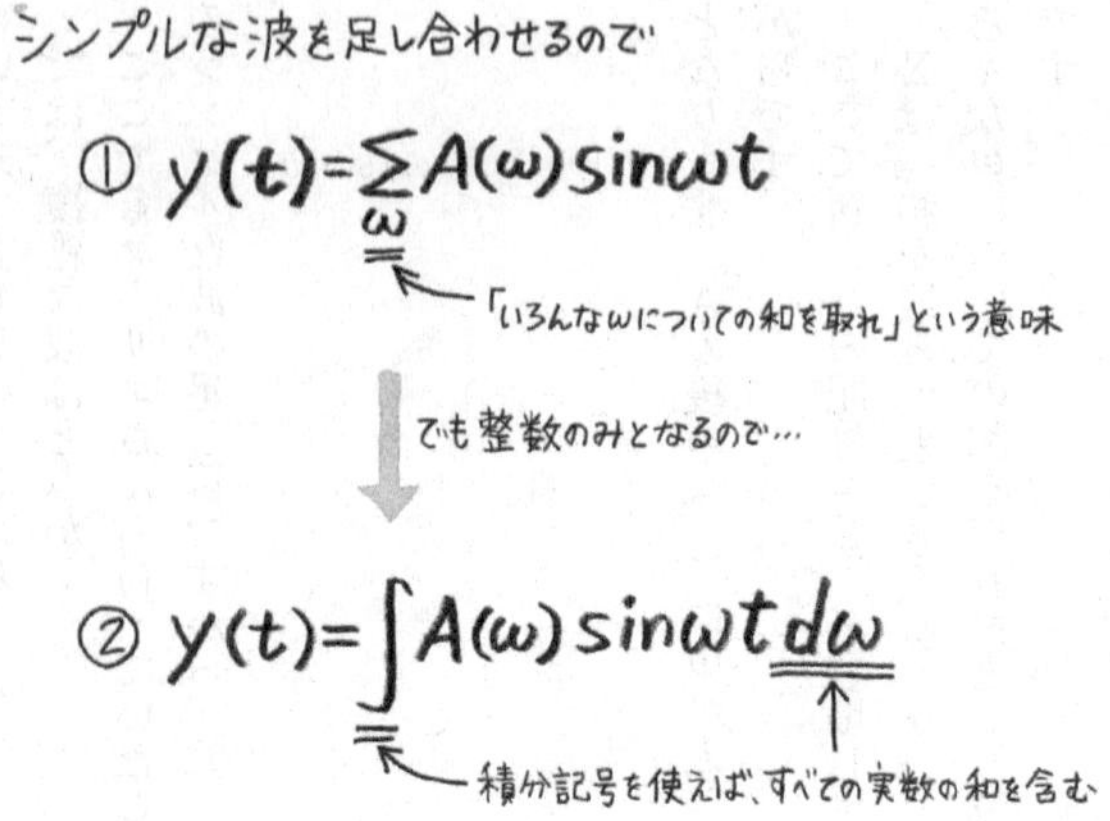
シンプルな波を足し合わせるので
① $y(t)=\sum_{\omega} A(\omega)\sin\omega t$
「いろんなωについての和を取れ」という意味
でも整数のみとなるので…
② $y(t)=\int A(\omega)\sin\omega t\,d\omega$
積分記号を使えば、すべての実数の和を含む

図8-2　フーリエの世界を式にする

愛（i）は世界を救う

Σは、いろんなωについての和を取ってはくれるんですが、残念ながら「整数のみ」という決まりがあります。でも、ωは必ずしも整数にはなりません。1.1とか1.5ってのもあります。そこで導入するのが積分です。sが伸びたような記号のアレです。図8-2の②の式を見てください。

こうすれば、整数だけでなくて「すべての実数について和を取れ」という意味になります。dωというのが式の最後に付いていますが、これは決まり事です。「そういうもんか」と思って、あきらめていただくほかありません。

これで完璧《かんぺき》な式の完成か？　と思いきや、これでもまだ問題があります。

この授業では、話をシンプルにするため

オイラーの公式

$$\cos t + i \sin t = e^{it}$$

図8-3　オイラーの公式

に「波はsinで表す」と説明してきました。でも、波にはsinだけではなくcosもあるんです。ぜひ、このcos君も仲間に入れたいのですが、困ったことにsin君とcos君は単純に足し合わせることができません。

今度はオイラーさんの発見した公式を使わせてもらいましょう。それは、図8-3に示したような式です。

e^tは、これまでの授業で何回か登場しました。これは微分をしても自分自身になる「指数関数」でしたね。e^{it}では「i」などという訳のわからない記号が出てきます。2乗すると−1になる虚数というものです。

これが指数関数の上に乗っているということはつまり…。これは詳しく説明すると難しいので細かな説明はやめにして、我々の持つ式のイメージをお伝えしましょう。

私たちの目に見えている世界が実数だとすると、虚数（i）は我々の目に見えない「仏の世界」のようなものです。

仏様からすると、実数も虚数も存在していて、そこですべての調和が保たれています。sin君とcos君は実は特別な関係にあって、私たちにsin君が見えているときはcos君がどこかに隠れていて、cos君が見えているときはsin君がどこかに行ってしまいます。

iを導入すれば、すべてが見える仏の世界に行けるので、sin君とcos君を平等に扱える。「愛（i）が世界に平和をもたらす」というわけです。

予測の秘密兵器はコレ

かなり壮大なイメージですが、完全に理解していなくても大丈夫です。実を言うと、科学者でも完全に理解している人なんてほとんどいません。では、オイラーさんの公式をありがたく使わせていただくことにして、先ほどの積分の式に入れてみると、図8－4の①のような式が立てられます。

これで、cos君も仲間に入った式が完成しました。この式の前に$\frac{1}{\sqrt{2\pi}}$を入れることもありますが、なくてもいいです。

ここで再び、微分のことを思い出してください。

将来を予測するということは、現在（t）と、ちょっと先の未来（$t+dt$）の間にどんな変化が起こるかを知ることでしたね。そして、それはグラフ上の線の傾きでもあると勉強しました。

本来なら複雑な波を微分したいところですが、

▶sinも含んだ式が完成

$$y(t)=\int A(\omega)e^{i\omega t}d\omega \quad \cdots\cdots ①$$

↓ tで微分すると

$$\frac{dy(t)}{dt}=\int i\omega A(\omega)e^{i\omega t}d\omega$$

かけ算するだけ

▶指数関数の微分

$$e^{i\omega t}$$

前に下ろすだけ

↓

$$i\omega\cdot e^{i\omega t}$$

図8-4　複雑な波の微分は、フーリエの世界だとすごくかんたん

$$y(t)=2\sin t+0.1\sin 1.1t+5\sin 1.2t \quad \cdots Ⓐ$$

などという式を延々と微分するのはかなり面倒ですよね。ところがフーリエの世界にトリップしてから微分すれば、一発でかんたんにできてしまいます。しかも、高校1年生でもできるくらいのレベルで。

では、先ほどの式を時間（t）で微分してみましょう。右辺でtの入っている部分を探すと、指数関数の「$e^{i\omega t}$」しかないですよね。ですので、これを微分します。指数関数をtで微分するときは、肩の上にあるt以外のものを前に下ろしてくるだけです。つまり、$i\omega$

を式全体に掛け算するだけで微分したことになります。たったこれだけ。すごくかんたんでしょう？

これは実社会で非常に使える最強の武器になります。振動とか熱とかの分野で出てくる2階微分だって、フーリエの世界にトリップして微分すれば、$i\omega$を2回掛け算するだけ。そうして出した結果を逆フーリエ変換することで、元の複雑な波を微分したのと同じ結果を得られます。

これを計算機でやる方法を「擬スペクトル法」といって、私の博士論文のテーマでした。今まで解けなかった微分方程式も、フーリエの世界に持っていってから掛け算をすればかんたんに解けます。これは本当に使えます。

第9時限では、実社会での具体事例をご紹介しましょう。

■第9時限

愛（i）が消えたら絶対零度へ　熱の現象を肌感覚で理解する

最強兵器、使わなきゃ損

第8時限の授業で私たちは、フーリエ変換と微分という最強の武器を手に入れました。どんなに複雑な波も、単純な波の足し合わせで表せるというフーリエの定理。その複雑な波の将来を予測するとき、たとえば、P98のⒶのような長い式をいちいち微分しなくても、フーリエの世界にトリップすれば掛け算だけで解けてしまうのです。

$$y(t)=\int A(\omega)\,e^{i\omega t}\,d\omega$$

の右辺に$i\omega$を掛けるだけで、元の波の式を微分したのと同じ結果を得られます。実際は掛け算した後に逆フーリエ変換しますが、そこはコンピュータ君にお任せしましょう。これ

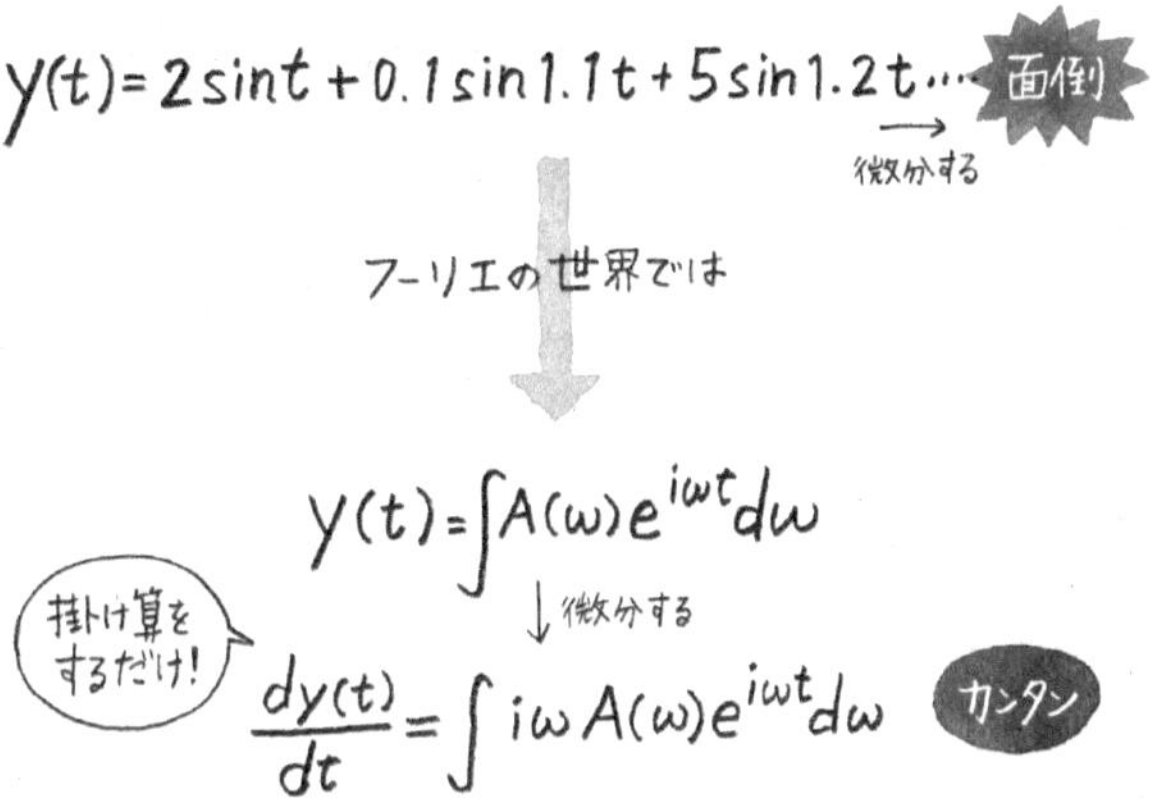
$y(t)=2\sin t+0.1\sin 1.1t+5\sin 1.2t\cdots$
面倒
微分する
フーリエの世界では
$y(t)=\int A(\omega)e^{i\omega t}d\omega$
微分する
掛け算をするだけ！
$\frac{dy(t)}{dt}=\int i\omega A(\omega)e^{i\omega t}d\omega$
カンタン

図9-1　複雑な波の将来を予測する。フーリエ変換と微分は最強のコンビです！

はもう感動的に便利です。使わない手はありません。

　ということで第9時限の授業では、製品開発などのものづくりの現場における擬スペクトル法の活用事例を見ていきます。何らかの形でヒントにしていただければうれしく思います。

　ものづくりの現場でよく登場する現象に「振動」「波動」「熱」があります。振動は、ある特定の場所で物が動く現象のこと。波動は、その動きがどこかへ伝わっていく現象を指します。別の言い方をすると、振動は、場所が固定で時間的に変化するもの。波動は、場所的にも時間的にも変化するものになります。熱も波動と似ていて、温度が場所と時間で変化します。

この3つの現象に対してフーリエ変換は、その威力を存分に発揮してくれます。マジメにやると理解するのに2年はかかる内容ですが、本書では要点のみを紹介して、フーリエの世界を大急ぎでひと回りしたいと思います。そして第10時限からは、もう1つの最強武器の秘密を解き明かします。

周波数がパッと解ける

波動と熱は少し難しいので、手始めに振動から見ていきましょう。振動には、どんなに複雑なものでも、その骨組みにあたる基本的な振動の式というものがあります。振動している場所をxとすると、xの2階微分は必ずマイナス倍のxに比例するというものです。式にすると次のようになります。

$$\frac{d^2x(t)}{dt^2} = -kx$$

微分方程式の中にこれを見つけたら、それは振動を表しています。

これまで真剣に本書をお読みくださった方なら、もうおわかりでしょう。振動は波です

$$\frac{d^2x(t)}{dt^2} = -kx$$

$$x(t) = \int A(\omega)e^{i\omega t}d\omega$$

↓ 2階微分する

左辺 ② $$\frac{d^2x(t)}{dt^2} = \int (i\omega)^2 A(\omega)e^{i\omega t}d\omega$$

$(i\omega)^2 \to -\omega^2$

右辺 ③ $$-kx = \int -kA(\omega)e^{i\omega t}d\omega$$

②と③が等しいので同じ部分を消していくと

$$\omega^2 = k$$

$$\omega = \sqrt{k}$$

図9-2　2階微分すると周波数（ω）が求められる

から、sinとcosで表せます。つまり、フーリエの世界にトリップすれば、

$$x(t) = \int A(\omega)e^{i\omega t}d\omega$$

と書けるわけです。この式をtについて2階微分するには、どうすればいいか……。そう。式全体に「$i\omega$」を2回、掛けるだけでいいのです。

図9-2の式を見てください。$i\omega$を2回掛けると$-\omega^2$になって、実数に戻る。前回の授業でお話

ししたとおり、虚数（i）が虚数のままだと仏の世界でしか見えません。でも、実数ならば私たちの目にも見える現象として扱うことができます。

ここでまた、先ほどの振動を表す基本の式を見てみましょう。右辺の$-kx$をフーリエの世界で表現すると、

$$\int -kA(\omega)e^{i\omega t}d\omega$$

になります。（図9-2の③）。これと、先ほど解いた2階微分の式が等しいということは何を意味するか。両辺でまったく同じ部分を消していくと、$\omega^2=k$だけが残ります。ですから、場所（x）の振動の周波数（ω）は、$\sqrt{k}$だとわかるのです。

ここまではそんなに難しくないと思いますがいかがでしょう。ここから大学院レベルに一気に飛びます。

熱の現象を「肌感覚」で味わって

次に解明するのは、波動です。先ほど、波動は場所（x）も時間（t）も変動するとお

話しました。これをグラフで描くと、図9-3のようなイメージです。

波動、熱もそうですが、場所（x）も時間（t）も変化する現象をグラフにすると、このような3次元グラフになります。tが0のときはこんな波形だけど、1のときはこんな波形、2のときはこんな波形……という具合に、場所と時間とともに状態が変化していきます。たとえば、コードのような部品が波打つことによって、コードの一部分の振動がどんどんコードに沿って位置を変えながら伝わっていく。そんな現象が、これに当てはまります。

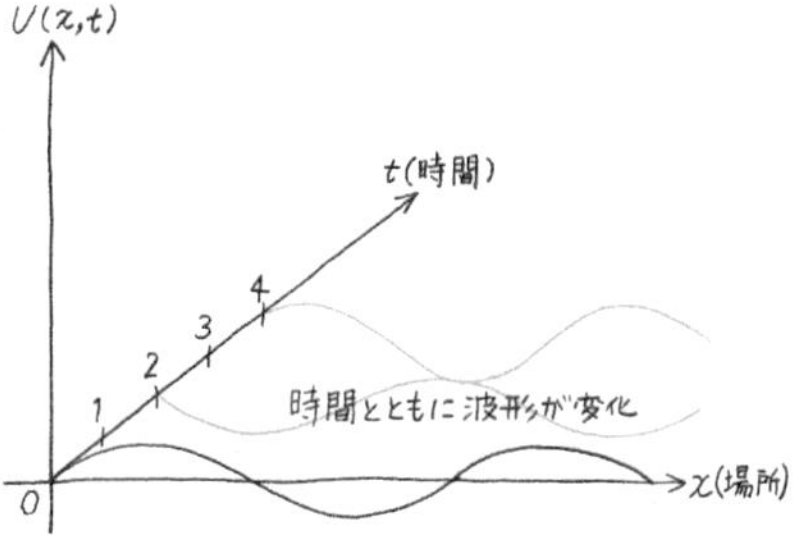

図9-3　波動や熱をグラフにすると…

この波動をフーリエの世界で表現するとどうなるでしょうか。これはちょっと難しいですよ。これまでに何度も登場した

$$y(t) = \int A(\omega) e^{i\omega t} d\omega$$

$$U(x,t)=\iint A(k,\omega)e^{ikx}\cdot e^{i\omega t}dkd\omega$$

図9-4　波動を表す式

の式では時間しか見ていませんから、事足りません。時間だけではなく場所も考慮するにはどうすればいいか。ここで新スーパーツールを投入しましょう！

図9-4の式を見ながら読んでくださいね。

xとtが変化する現象を

$$U(x,\ t)$$

とすると、右辺には∬と積分記号を2つ書いて、あとはxの式とtの式をドッキングさせて、最後にdkと$d\omega$を書きます。右辺の真ん中にある

$$e^{ikx}\times e^{i\omega t}$$

は、公式から

$$e^{i(kx+\omega t)}$$

とまとめられます。こうすれば、時間と空間の両方が変化する現象をフーリ

エの世界で見ていることになります。すばらしいですね。

ここで波動も熱もフーリエ変換を使って解きたいところなのですが、とりあえず熱だけやりましょう。大学の授業でありがちな「あとは教科書読んどけよ」状態に見えるかもしれませんが、実はそうでもありません。熱はその式から、現象の特性を「肌感覚」で味わっていただける恰好の例なのです。それをみなさんに味わっていただいてから、フーリエの世界を卒業します。

熱を表す基本式

$$\frac{\partial u}{\partial t} = \frac{\partial^2 u}{\partial x^2}$$

図9-5　熱を表す基本式

熱は商品開発の現場でも非常に大切な要素の1つです。この熱には振動と同じように基本の式があります。

$$\frac{\partial \mathrm{U}}{\partial t} = \frac{\partial^2 \mathrm{U}}{\partial x^2}$$

「dが丸まってるぞ！　これは難しそうだ」なんて気持ちが湧いてきそうですが、あまり気にしないでください。考え方は通常の微分と同じで、傾きを表しています。ただ、通常の微分では変数が1つですが、こちらは変数が2つ以上のときに登場します。たとえば、

左辺　右辺

xを固定して微分　　tを固定して2階微分

$$i\omega \times A(k,\omega)e^{ikx}\cdot e^{i\omega t} = (ik)^2 \times A(k,\omega)e^{ikx}\cdot e^{i\omega t}$$

$$i\omega = -k^2$$

$$\omega = ik^2$$

図9-6

$$\mathrm{U}(x,\ t)$$

はxとtの関数なので、この記号を使います。

偏微分なんか怖くない

これを偏微分と言いますが、約束事が1つあります。変数が複数あると、どの傾きを見るのかわからないので、たとえば変数がxとtの2つである場合は、xの傾きを見たいときはtを固定しますし、tの傾きを見たいときはxを固定します。ですから、熱の現象というのは、空間を止めて時間だけで見るときと、時間を止めて空間だけで見るときの2種類があることになります。ここまでわかったところで、先ほどの熱の式、図9-5に戻りましょう。

左辺は、空間（x）を固定して時間（t）だけの変化を見たときの傾き（微分）。右辺は時間（t）を固定して

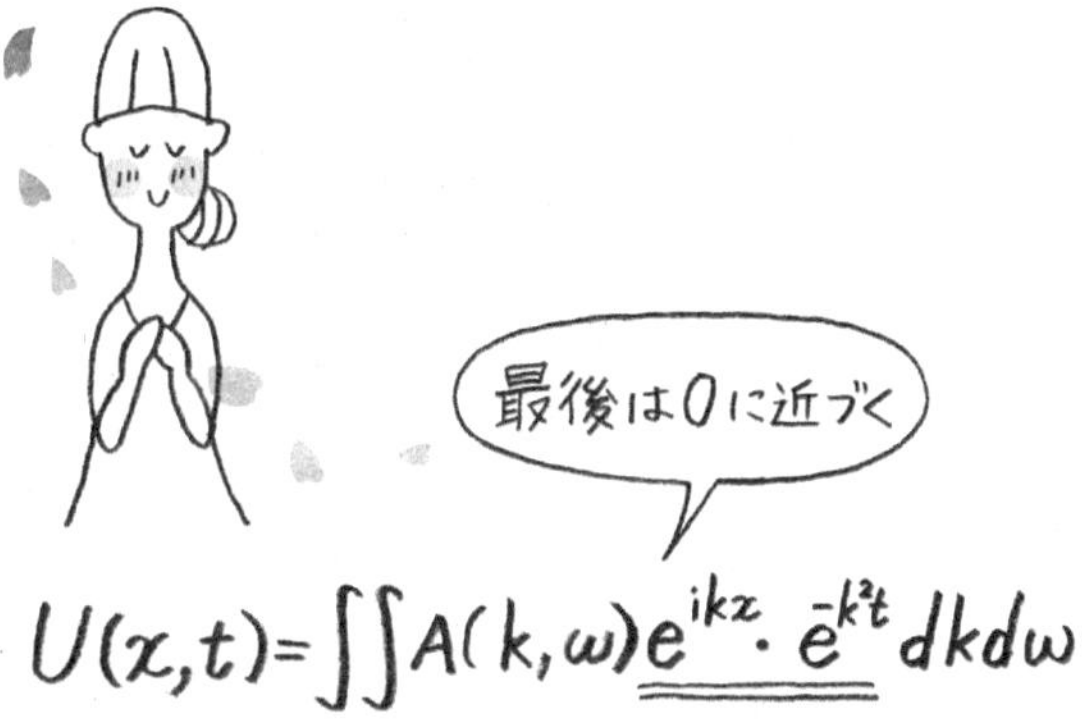

図9-7　$\omega=ik^2$を代入すると…はかなく消えゆく恋心

空間（x）だけの変化を見たときの2階微分です。したがって熱は、難しく言えばこの2つがバランスしている現象になります。

　左辺をフーリエの世界にトリップしてから微分した場合、変数はtだけですから、$e^{i\omega t}$の$i\omega$のみを積分の中身に掛け算します。一方の右辺は変数がxなので、e^{ikx}のikを2回、つまり$(ik)^2$を積分の中身に掛けます。あとは振動のときと同じで、両辺の同じ部分を消していけば、最後に

$$i\omega=-k^2$$

が残ります。つまり、$\omega=ik^2$と求まるわけです。

iが消えるのがミソ

　さぁ、もう一息です。xとtの関数$U(x,t)$の式（図9-4の波動を表す式）にこの$\omega=ik^2$を代入

してみます（図9-7）。

このe^{ikx}・e^{-k^2t}という部分に注目してください！　見覚えがありませんか？　第5時限のP63に登場した「はかなく消え行く恋心」の式（$e^{-t}\times\sin t$）に似ています。e^{ikx}も$\sin t$も波を表しています。そして、e^{-k^2t}はe^{k^2t}が分母の分数、e^{-t}はe^{t}が分母の分数ですから、tが大きくなればなるほど小さくなります。ゆらゆらと心揺れながらも、最後は恋の熱が冷める。これは、物理的な熱の式にも当てはまります。どんな熱も、時間とともにどこかへ逃げていき、どんどん0に近づいていきます。

この現象をフーリエの世界なしで理解しようと思うと、とても大変です。でも、これならかんたんにわかるでしょう？　なんといっても、e^{i}のi乗が消えてマイナスになるところがミソです。愛情（i乗）が消えたら、近づく先は絶対零度。そこは、熱も恋も同じみたいです。

第10時限からは、もう1つの最強兵器をご紹介していきます。

第4章 大局観を手に入れる（固有値）

■第10時限

恋愛の達人……になれるかもしれない「eigen value」の魅力

あなたも恋愛の達人になれる?

予測のツールとして強力な武器が微分方程式で、そこにスパイスとして加えると最強兵器となる武器が2つあると第7時限でお話ししました。1つは第9時限までに勉強したフーリエ変換。そしてもう1つは、「本書を読み進めてくださった方だけにお伝えする」と内緒にしていましたよね。いよいよその正体を大公開します。

その正体とは「固有値」です。特に製品開発の現場で働く技術者の頭には、まず入れておきたい武器だと言えます。「固有値という概念を知らずして仕事をしているなんて、ナントもったいない!」と叫びたいくらいです。ちなみに固有値は、ドイツ語のeigen(固有の)という言葉を使って、英米人もみんなeigen valueと言います。

では、固有値とは何なのか。これが実は、経験とカンの世界に通じるところがあるんです。たとえば、恋愛の達人のおばちゃんがいるとします。「あの二人は絶対くっつくよ」とか「くっつくけど絶対別れるね」とか言うと、そのとおりになるなんてことがありますよね。ある現象が将来どうなるかを、ざっくりと、でもしっかり押さえてしまう。固有値は、そのためのツールなのです。松下幸之助さんとか、経営の神様といわれる人は多分「会社の固有値」を押さえていたのだと思います。

フーリエは予測をきっちりとやりますが、固有値はだいたい将来こうなるというのを外しません。途中がどうなるか細かいことはともかく、将来どこに行き着くかを言い当てることができるわけですから、こんな便利なツールはありません。これを究めたら、あなたも「恋愛の達人」になれるかもしれませんよ！

複雑な操作を掛け算に直す

第4時限では「モテる人の式」のお話をしました。時間とともに、その人の人気がどうなっていくのか。グラフに描くと、ＡＫＢ48みたいに一気に国民的アイドルになっちゃうのが、右肩が急に上がっちゃう曲線ですよね。平らな線だと、そこそこ生きているけど爆発的なヒットもしない。あるいは、だんだん目立たなくなってしまう。

人生の将来がどうなるか。これを一言で表す言葉がまさに固有値です。

$$y=e^{at}$$

みなさんにおなじみの指数関数について考えてみましょう。これは爆発的に変化する現象を表してくれる関数で、tは時間です（図10-1）。

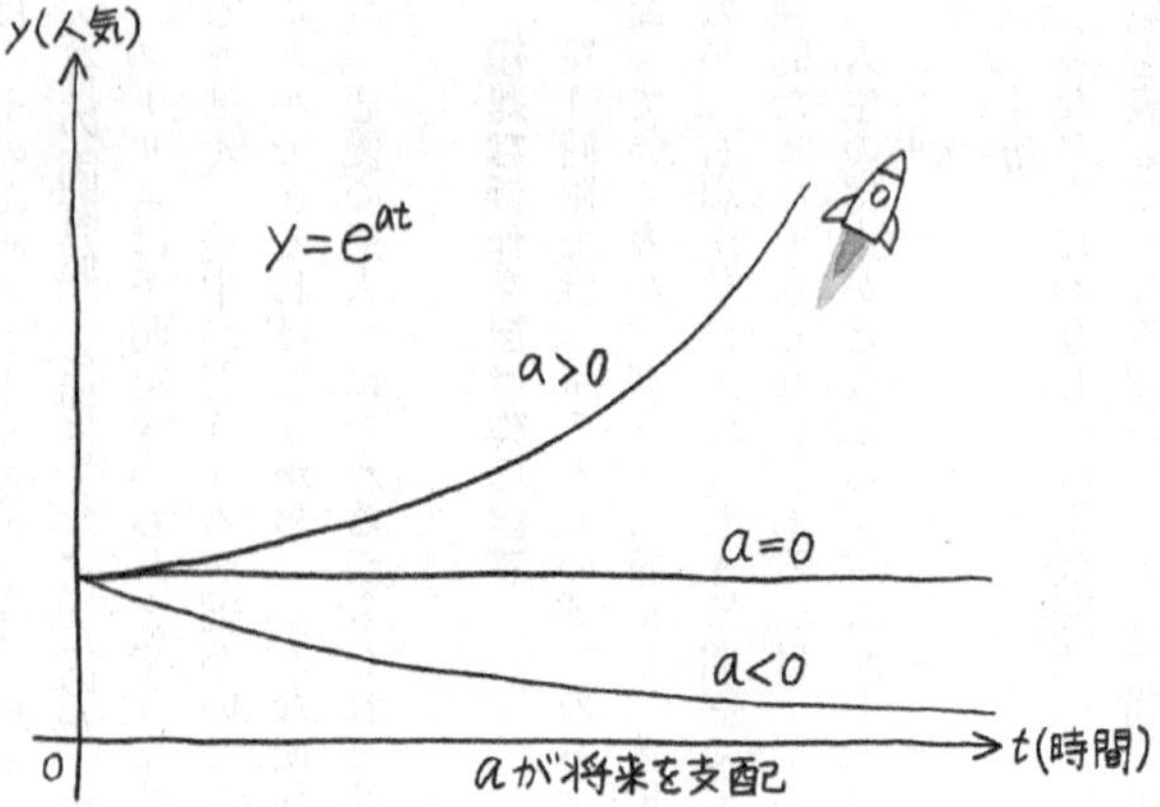

図10-1　aが将来を支配

ここでぜひ注目していただきたいのがパラメーターのaです。人生がイケイケなのかそこそこなのか、あるいは消えていくのかが、aという1つの値で判定できてしまいます。

aがもし0.1とか2とか3とか、0よりも大きければ必ずイケイケ。aが0だと、何かのゼロ乗は常に1ですから、横ばいになります。aが負、たとえば−1の場合には、どんどん0に近づいて人気が下がってしまいます。このaが固有値なんだ、と思ってください。

ここで「傾き」の話を思い出しましょう。図10-2を見てください。傾きは微分でした。右肩上がりに急激に行くのは、傾きが自分自身に比例しているとき。人気をyという記号で書きましたから、yの時間微分

$\frac{dy}{dt}$が人気の変化、つまり傾きを表します。
　大事なのはここからです。この式をただの「絵」だと思って見ると、実は固有値の形をしているのです。この式では、yを微分すること（左辺）は、yをa倍する（右辺）のと同じだと言っています。非常に不思議な式ですね。微分しろという操作を、掛け算に置き換えてくれる魔法の式なのです。

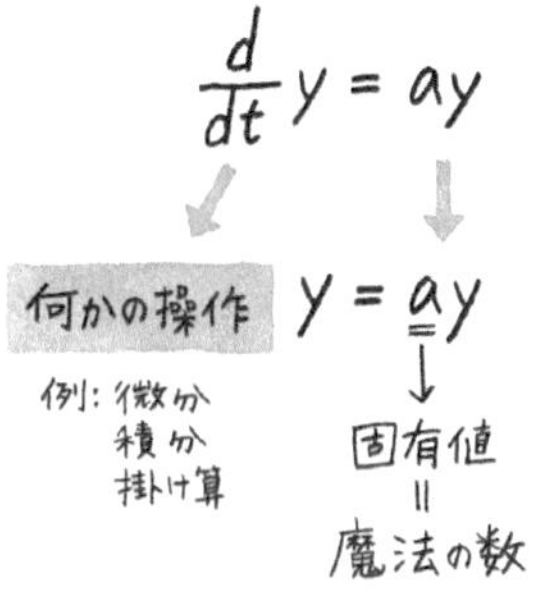

図10-2　固有値は魔法の数

　さぁ、改めて固有値とは何なのでしょうか。微分でも何でも、何かの操作をyにすることは、そのyを何倍かするのと等しいですよ、という形式です。この形式で書いたときに、このaのことを固有値といいます。世界中の数学の本を探しても、こういう固有値の説明をしているものはほとんどないと思いますよ。

倍々ゲームで爆発

——大まかに押さえるというのは、掛け算でかんたんな形にするから将来が見えやすくなるということなんですか。

　そんな感じです。この形にしないと、だいたいどれくらい増えるか見えてこないのです。固有値さえ正確に計算できれば、だいたい将来こうなるというのが見えてきます。この値はとても大事なのです。

例題をやってみましょう。例題をとおして、実感していただければと思います。

紙を折っていきます。何回か紙を折ったらどのくらいの厚みになるでしょうか。倍々ゲームですね。1回折ったら2倍。またこう折ったら4倍。これを続けて100回折ったらどうなるでしょうか。以前にテレビ番組で、体育館くらいの紙を必死になって折っているのを見ました。7回か8回であきらめていたと思いますが……。

紙の厚さって0.1ミリメートルくらいですね。それを100回折ったら、どのくらいの厚みになるでしょうか。実は、すごい状況になります。想像を絶すると思います。答えは、宇宙の半径です。140億光年。

この感覚、わかります？　固有値を押さえている人はわかるんです。紙を100回折るだけで、いきなり宇宙の大きさになるなんて信じられないですよね。計算上はかんたんにわかることなのかもしれませんが、直感的に想像なんてできないですよね、いくら優秀な理系の方でも。でも、固有値のプロは押さえてしまいます。

では、固有値の形に書いてみましょう。n回折ったときの厚みをy_nとします。もう1回折ると、厚さが2倍のy_{n+1}に。

すると、

$$y_{n+1}=2\times y_n$$

と書けますね。これは無理やりに固有値の形に書けば、

$$Sy_n=2\times y_n$$

と書くこともできます。ここで左辺のSはnを1だけシフトする、という操作を表す記号です。固有値が2ですよ？　正の値ですね。つまり、爆発します。宇宙の半径になるところまではきちんと計算しないとわかりませんが、大したことがないのか、とんでもないイケイケなのかはこれだけでわかってしまう、というわけです。

凡才でも、将来は保証

固有値rのn乗が、０に行くのか、ものすごく大きくなってしまうのか。nが100や500、1万などものすごく大きくなったとき、rのn乗は０に行ってしまうのか、無限大に行っ

てしまうかのどちらかになります。

たとえば$r=2$だったら、無限大に行ってしまいます。2^3は8、2^4は16と大きくなって、0に行く気配はないですよね。$r=1$のときは1のままです。$r=0.5$だったら0.25、0.125と0の方に行きます。0に行ってしまうのは$r<1$のときで、$r>1$のときは全部発散します。つまり、

$$r^n \to 0 \ (r<1)$$
$$r^n \to 1 \ (r=1)$$
$$r^n \to \infty \ (r>1)$$

となります。これはすごいですね。人生で一番大事だと言ってもいいくらいでしょう。レベルとしては高校2年生くらいで出てくるのですが、人生にとって大事だと言ったのは私が初めてかもしれません。

——人間の場合、毎日ちょっとずつ勉強しても、あまり効果がないように思えるときがあります。これは、どう考えたらいいですか?

長く生きたら違うのではないでしょうか。仙人は何百年生きてるっていいますけど、あの方はnがものすごく大きい。どんなに凡才でちょこちょこやっているだけでも、長い間やっていくと違ってきます。つまり、rが1.01の人でも、1億年ぐらい生きたらスーパーマ

ンになります。

昔、絵描きの話を聞いたことがあります。ある絵描きの天才がいて、その人に弟子入りを志願した人がいた。その人に「ちょっと描いてみろ」といって描かせたら、ものすごい下手くそでした。だけどその絵描きは「おまえを弟子にしてやろう。ただし、松だけ描け。ほかは一切描くな」と言った。すると、本当にその人は松だけ30年描いて有名になった。絵描きは最初に「こいつは1.01だ」って見抜いた。そして、限りある1.01の資源を全部松の絵に投入させたのです。

rが大きくて100ぐらいの人は、1週間ですばらしい成果を上げるのかもしれません。rはいろいろなものに左右されますが、数学がすばらしいのは、1を超えていればあなたはいつかは大丈夫だと保証されるところでしょう。

■第11時限 『ダ・ヴィンチ・コード』に登場するフィボナッチ数列の固有値を暴け

これであなたも固有値の達人

現象の将来を大づかみに予測して外さないすばらしきツール「固有値」について解説しています。ある状態に対して何らかの操作をした後の状態（y_{n+1}）は、その前の状態（y_n）に「ある数字」を掛け算したのと等しい。

$$y_{n+1} = \bigcirc \times y_n$$

↑
固有値

このとき、「ある数字」のことを固有値といいます。固有値をrとして、同じ操作をn回したとすると、将来の状態はr^nで表せます。微分とか積分とか、操作の種類はいろいろあるけれど、どんな場合でも例外なくこの形に導けます。ですから、この式さえ頭にたたき込んでおけば、あなたはもう固有値の達人です。

第10時限では、この固有値をしっかり押さえる上で、いえ、人生を歩む上でもっとも重要な固有値の基本を学びました。$r<1$なら将来はどんどん0に行く、$r=1$ならずっと1のまま、$r>1$なら発散する、というものでした。その例として、最初は下手くそだったけれど、30年間、師匠に言われたとおりに松の絵ばかり描いていたら、有名になった絵描きの話をしました。彼の固有値は、たった0.01の差かもしれないけど1よりも大きかったのです。

今日は新しい話題をとりあげます。私の大好きな映画『ダ・ヴィンチ・コード』の謎です。

映画の中で、こんなシーンが出てきます。主人公の大学教授と警察の暗号解読官である女性が、この女性の祖父が所有する金庫を開けようとするシーンです。祖父はすでに何者かに殺されていてパスワードがわかりません。

とにかく式にしてみる

このパスワードに使われていたのが「フィボナッチ数列」でした。フィボナッチ数列とは、前の2つの数字を足して次の数字とする数列のことで、「1、1、2、3、5…」と続いていきます。ここで問題を出題します。5の次はいくつになるでしょうか。

3＋5だから、8ですよね。で、次が13、21……と続きます。さぁ、ここからが本当の難問です。１００番目がいくつになるかわかりますか。

すぐに答えるのは難しいですね。「ずっと足していくしかないじゃないか」と思いますよね。でも、そうしなくてもこれを言い当てる方法があるのです。それを可能にしてくれるのが、固有値なのです。フィボナッチ数列の固有値を算出してしまえば、100番目だって200番目だって、いくつになるかをすぐに言い当てられます。

さっそく計算してみましょう。

ここで、固有値を求めるときの秘伝をお教えします。まずはどんな問題でも、式で表してみるのがポイントです。フィボナッチ数列は、前の2つの数を足すんだから…。

$$y_n = y_{n-1} + y_{n-2}$$

こうなりますね。y_{n-1}は、y_nの1つ前の数字、y_{n-2}は2つ前の数字という意味です。こうして、与えられた問題を何らかの式にしてみる。これが第一歩です。だいたいどんな問題でも、小学生くらいの知識があれば式にできてしまいます。

式にしてみたら困ったことになってしまいました。冒頭で説明した固有値の式には、y_nとy_{n+1}の2項しか登場しませんでした。でも、今回はy_nとy_{n-1}、y_{n-2}の3項も出てきています。

さぁ、どうするか。

ここでさらに、泣く子も黙る必殺技を伝授いたしましょう。冒頭で「どんな場合でも$y_n = r^n$に導ける」とお話ししました。カンのいい方はもうおわかりですね。

必殺技が炸裂

そう、先ほどのフィボナッチ数列の式にあるy_nを、r^nと置いてしまえばいいのです。すると

$$r^n = r^{n-1} + r^{n-2}$$

となります。でも、このままだとややこしいですね。こうしてみてはどうでしょう。

$$r^2 = r + 1$$

これは$n=2$を代入しただけです。右辺の1というのは、rを0乗したから。ここで$n=3$と入れる人は…ちょっとセンスがないですねぇ。一番小さな2を入れて解けそうなん

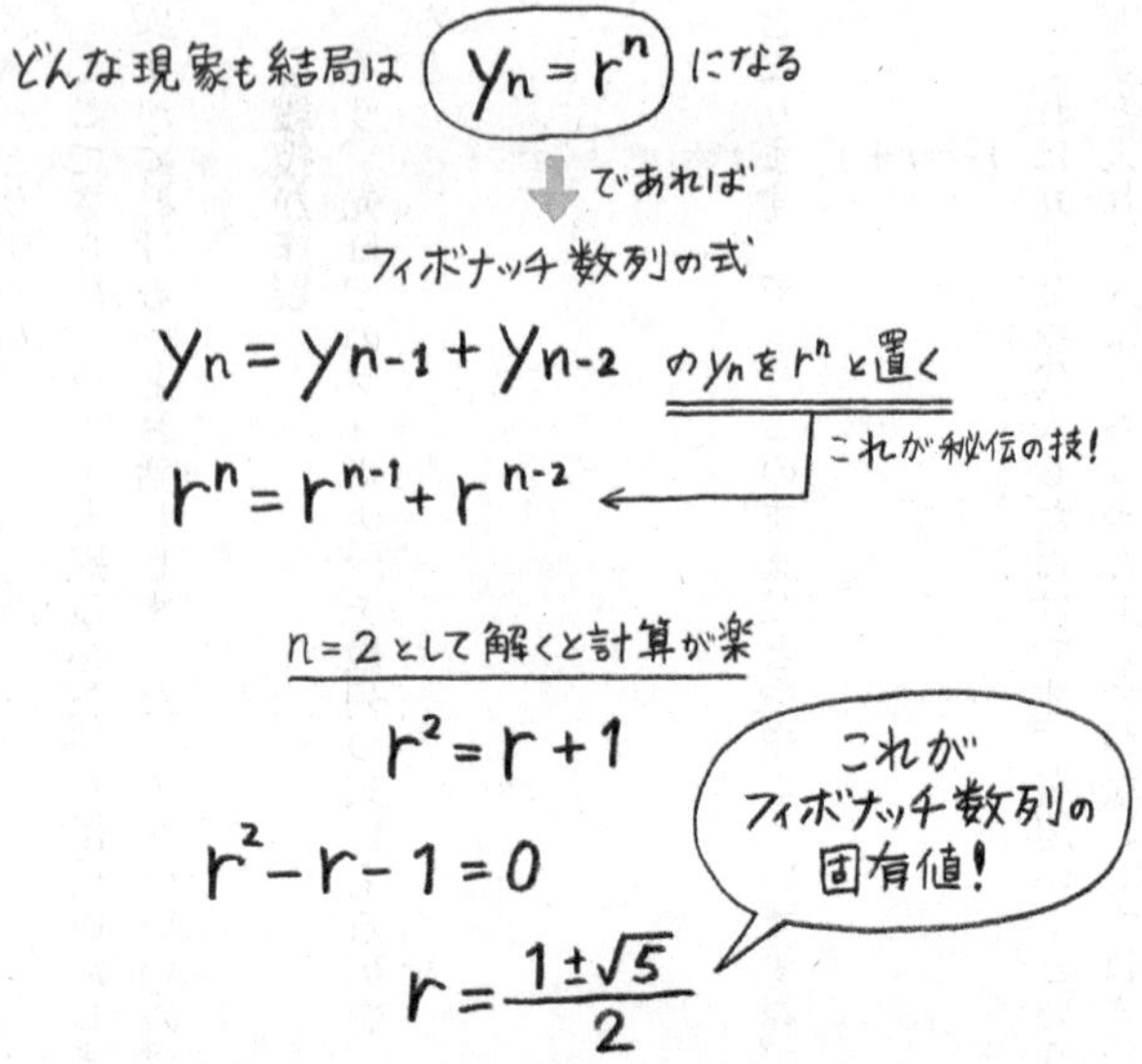

どんな現象も結局は $y_n = r^n$ になる
であれば
フィボナッチ数列の式
$y_n = y_{n-1} + y_{n-2}$ の y_n を r^n と置く
これが秘伝の技！
$r^n = r^{n-1} + r^{n-2}$
n＝2として解くと計算が楽
$r^2 = r + 1$
$r^2 - r - 1 = 0$
$r = \frac{1 \pm \sqrt{5}}{2}$
これがフィボナッチ数列の固有値！

図11-1　フィボナッチ数列の固有値

だから、わざわざ2よりも大きな数字を入れる必要はありません。

数学はいかにサボるか。これが大事なんです。

ここまでくれば、あとは2次方程式を解くだけです。ところで、読者のみなさんなら、2次方程式の解をすらすら言えますよね。

$$ax^2+bx+c=0$$

という2次方程式の解は

となります。先ほどの$r^2=r+1$の右辺を移項して$r^2-r-1=0$として解けば、こうなります。

$$x=\frac{-b\pm\sqrt{b^2-4ac}}{2a}$$

$$r=\frac{1\pm\sqrt{5}}{2}$$

すばらしい。フィボナッチ数列の固有値が計算できました（図11-1）。私たちはこれで『ダ・ヴィンチ・コード』の謎を解く鍵《かぎ》の1つを手に入れることができたわけです。

——±ということは固有値が2つあるということでしょうか。

まさにその話をしようとしていたところでした。固有値は、実は現象に応じた数だけあるんです。

ダ・ヴィンチも愛した「美」

フィボナッチ数列の将来をピタリと予測するには1つではなく2つの固有値が必要になります。1つだけなら$y_n = r^n$の式が使えるのですが、2つの場合はこれらを足し算します。

$$y_n = \bigcirc r_1{}^n + \triangle r_2{}^n$$

固有値が2つあるので、それぞれをr_1、r_2として足すわけです。右辺の項に○とか△が付いていますが、これは係数です。深く説明していくとかなり難しい話になるので、ここでは「こういうもんだ」と思っていただくことにします。

○とか△だと恰好《かっこう》悪いので、p、qとしましょう。

さらに、r_1とr_2に先ほど算出した固有値を当てはめてみます。

$$y_n = p\left(\frac{1+\sqrt{5}}{2}\right)^n + q\left(\frac{1-\sqrt{5}}{2}\right)^n$$

図11-2のようにしてpとqを解いていきます。すると、

$$p = \frac{5+\sqrt{5}}{10}$$

$$q = \frac{5-\sqrt{5}}{10}$$

が求まりました。フィボナッチ数列のn番目の数字を言い当てる式は、図11-3となります。この式のnに100を入れれば100番目の数字がわかります。そして2つある固有値は

フィボナッチの将来を言いあてる式

$$y_n = p\left(\frac{1+\sqrt{5}}{2}\right)^n + q\left(\frac{1-\sqrt{5}}{2}\right)^n$$

$y_0 = 1$、　$y_1 = 1$、　$y_2 = 2$ ……

（最初の数字）（2番目の数字）（3番目の数字）

↓

$n=0$ とすると

$$p + q = 1$$

$n=1$ として変形すると

$$p - q = \frac{1}{\sqrt{5}}$$

連立方程式を解くと…

$$p = \frac{5+\sqrt{5}}{10},\quad q = \frac{5-\sqrt{5}}{10}$$

図11-2　pとqを解いていく

$$y_n = \frac{5+\sqrt{5}}{10}\left(\frac{1+\sqrt{5}}{2}\right)^n + \frac{5-\sqrt{5}}{10}\left(\frac{1-\sqrt{5}}{2}\right)^n$$

図11-3　フィボナッチ数列の将来を言いあてる式

$$\frac{1+\sqrt{5}}{2} \fallingdotseq 1.6$$

$$\frac{1-\sqrt{5}}{2} \fallingdotseq -0.6$$

です。1.6は1より大きいけれど、−0.6の絶対値0.6は1未満。

ここでまた人生でもっとも大事なアレを思い出してください。0.6の固有値が入った項は、$r<1$だからnが大きくなるほど0に近づいていく。つまり、固有値1.6の項しか効いてこなくなるわけです。

このような、もっとも大きな固有値を「最大固有値」といいます。さっきは固有値が2つ必要と言いましたが、実はこの1つだけで将来をしっかり押さえられるんです。

さぁ、ここからが私の好きな話です。フィボナッチ数列の最大固有値1.6は黄金数といって、「もっとも美しい数字」とされています。1対1.6は人間がもっとも美しいと感じる比率で、たとえば、名刺の縦横の比率もそうなっています。黄金比はダ・ヴィンチも愛し、自身の絵画で多用しました。

■第12時限

どうして一休さんは指1本で釣り鐘を動かせるの？

指1本で釣り鐘を動かす

現象の将来を大まかに予測して外さない「固有値」。どんな分野の達人も、この固有値を何となくつかんでいるからこそ、良い仕事ができるのだと私は考えています。たとえば、私の研究テーマの1つである「無駄学」の師匠で、ムダとりコンサルタントとして著名な山田日登志さん。工場に行くとすぐに、どこがネックかを見抜いてカイゼン策を講じていらっしゃいます。その姿が私の目には、その工場の生産活動の「最大固有値」を瞬時に感じ取り、そこにもっとも効きそうな要素から順に攻めているように見えるのです。いつか山田さんと、そんな話ができたらいいなぁ、と思っています。

それでは第12時限も、そんな固有値の魅力に迫ってまいりましょう！　例として取り上げるのは、昔、テレビで放映されていたアニメ「一休さん」のエピソードから。一休さんはみなさんもご存じのとおり、すばらしくとんちが利いて、私みたいな頭をしたお坊さんですね。

一休さんはあるとき、お堂にあった大きな釣り鐘を見て「これを指1本で動かしてみせましょう」と言い出しました。これを聞いた周りの人たちは驚きます。「こんな重い物を指1本で動かせるわけがないじゃないか」と。でも、一休さんが釣り鐘に指を当ててしばらくすると…。ナンと、釣り鐘は大きく揺れ始めたのです。

ここで問題です。一休さんは、自然界のある作用を応用することで釣り鐘を動かしました。それはいったい何でしょうか。ちなみに、大学の工学部では「構造物の設計では絶対にこれを起こさないようにせよ」と習うのが普通です。工学部の方なら、ここまで言えばわかりますね。

それはいつ壊れる?

答えは共振です。あるいは共鳴ともいいます。モノにはそれぞれ「固有振動数」というのがあって、それと同じ振動数で外から力を加えると、ほとんど力をかけずに相手を揺らすことができます。後で詳しく述べますが、この固有振動数こそがモノの固有値なのです。これはモノの大きさ、重さなどで決まる固有の量です。一休さんは、これを利用したのです。

具体的には、指先で釣り鐘をポンとたたいて、わずかな揺れを感じ取る。感じたら、釣り鐘が向こうに行く瞬間にまたポンと力を加える。そうやって釣り鐘の揺れる周期に応じて軽く押せば、揺れは次第に大きくなります。

$$m\frac{d^2x}{dt^2} = -kx + A\cos\omega t$$

図12-1　一休さんの式（運動方程式）

では、たとえば建物などの固有振動数と地震の振動数が一致したらどうなるでしょうか。

建物は大きく揺れて変形し、いずれ崩壊します。どんなモノでも同じです。そのモノが持つ固有振動数と外力の振動数が一致したら、モノは壊れてしまいます。

つまり、そのモノの固有振動数を知ることは、それがどのような状態になると壊れるか、いつ壊れるかを予測することにつながるわけです。

それでは一休さんの方程式を立てていきましょう。ちょっとぐったりするかもしれませんが、かんたんに答えにたどり着ける「西成秘伝の技」をちりばめていきますので、乗り越えられると思います。

まず、第9時限で勉強した振動の式を使います。釣り鐘の振幅（揺れる幅）をx、経過した時間をtとすると、tによるxの2階微分は必ずマイナス倍のxに比例するというものでした。覚えていますか？　その比例定数（ばね定数）をkと置きましょう。図12-1の式です。

さらに一休さんが押す力も式に入れます。

その押し方ですが、強弱を波のように交互に繰り返すので、力の大きさをAとして、三角関数を使って

$$A\cos\omega t$$

とシンプルに表してみます。

ここでωは、力の強弱の振動数で、ポンポンと釣り鐘を押すタイミングを表しています。一休さんは、このωのタイミングを上手に取ったために、力の大きさAが小さくても釣り鐘は動いたのです。それではこれを解明していきましょう！

操作が微分ならe^{at}を代入

まず、一休さんが力をかけないときは、図12-1の式の右辺の2番目の項がありません。すると……固有値を学んだみなさんなら、お気付きでしょう。

図12-2をごらんください。

ある状態（x）に対する操作は2階微分で、その固有値は、左辺のmを右辺に移行すれば……もう答えが出ました。$-\frac{k}{m}$ですね。

ここで西成メモ！　固有値と固有振動数は、密接に関係しています。この場合、正確に言えば、マイナスを取った$\frac{k}{m}$のルートが固有振動数です。さらに正確に言うと、これは固有角振動数というのですが……。そんな細かいことは、本書ではどうでもいいですね。

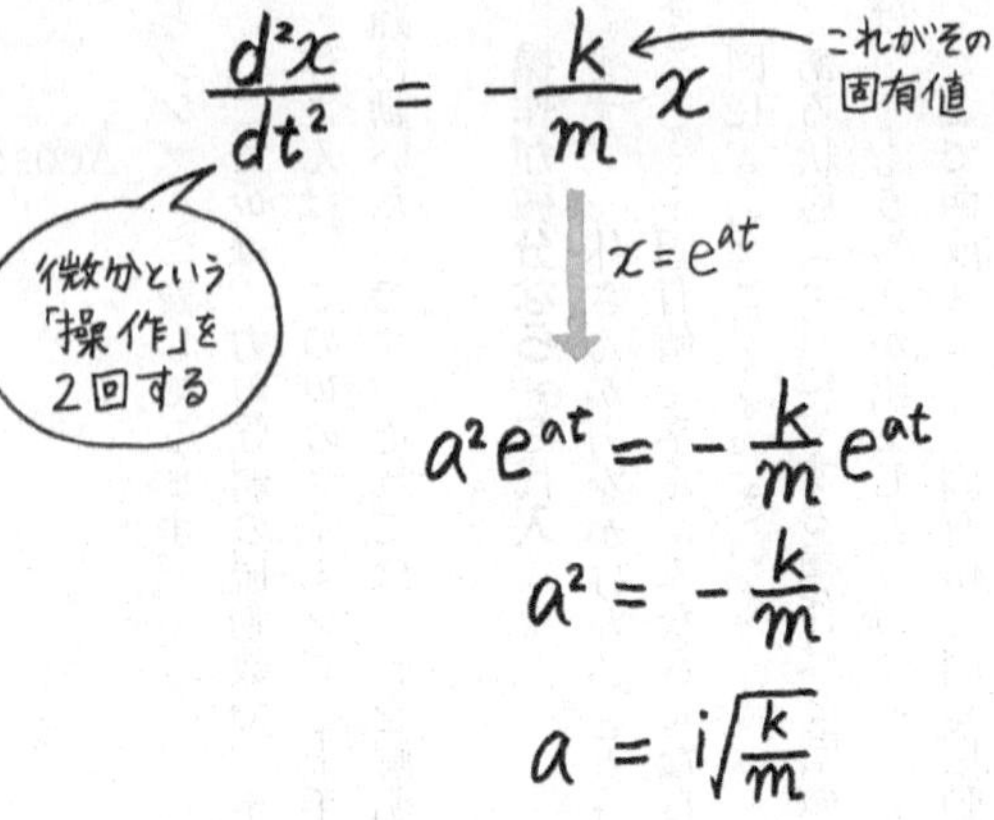
$\frac{d^2x}{dt^2} = -\frac{k}{m}x$
これがその固有値
$x=e^{at}$
微分という「操作」を2回する
$a^2e^{at} = -\frac{k}{m}e^{at}$
$a^2 = -\frac{k}{m}$
$a = i\sqrt{\frac{k}{m}}$

図12-2　微分の場合は$x=e^{at}$と置きます

ものづくりの現場では、固有値と固有振動数を区別せずに使っている人も多いので、本書でも両者は同じものと認定してしまいましょう！

さぁ、これで話がとっても楽になりました。ここでお待ちかねの西成テクニック。第11時限では、どんな現象も$y_n=r^n$に導けるので、まずは現象を式で表し、その式の中のy_nをr^nに置き換えて固有値を求める方式を伝授しました。ここでもそれを使います。ただし、操作が微分の場合、r^nではなくe^{at}を使います。このaが固有値、または固有振動数ということになります。

$$x=e^{at}$$

これを先ほどの式に代入して解いていき

ます。今回は2階微分ですから、肩のaを前に2回降ろして…と。このやり方は以前、勉強しましたよね。すると、左辺はa^2e^{at}になります。右辺と比較して

$$a^2 = -\frac{k}{m}$$

となって…。

ここで右辺だけにマイナスが入ってしまいました。でも、虚数を勉強したみなさんなら怖くありません。

$$a = i\sqrt{\frac{k}{m}}$$

とかんたんに求まります。つまり、一休さんが押さないとき、釣り鐘の動きとして、将来の状態xは

$$e^{i\sqrt{\frac{k}{m}}\cdot t}$$

になることがわかりました。この式があれば、一休さんの謎にあともう一歩です。

ここで質問があります。実はこの式はあることを意味しているのですが、何だかわかりますか？

すべての現象の将来は4とおり

将来の状態をざっくりとつかむには、固有値が1より大きいのか小さいのかを知る必要がありました。

でも、それはr_nの場合でした。e^{at}を使う場合は、1ではなく0より大きいか小さいかを見ます。

$a<0$ならどんどん0に近づき、$a>0$ならイケイケです。$a=0$なら、何かのゼロ乗は1ですからずっと1で横ばいになります。

しかし、困ったことになりました。答えはeのi乗で、正でも負でもない。

さぁ、どうしましょう。

でも、心配ご無用！

今まで真面目に本書を読み進めてくださったみなさんには、きちんと答えを導き出す手立てが身に付いていますよ！　ここでオイラーの公式を思い出してください（P95図8-3を参照）。

$$e^{i\sqrt{\frac{k}{m}}\cdot t}=\cos\sqrt{\frac{k}{m}}\cdot t+i\sin\sqrt{\frac{k}{m}}\cdot t$$

というもので、そのままだと足し合わせることができないcosの波とsinの波を足し算できる「愛（i）ある波の式」として学びました。つまり、固有値からつかみ取れる将来の状態は、「0に近づく」「イケイケで発散する」「横ばいが続く」のほかに、上がったり下がったりする波のパターンもあるというわけです。

ここからは現場で生かすためのもっとも重要な話をします。まず、オイラーの公式から、虚数の世界は無視して、

$$x=\cos\sqrt{\frac{k}{m}}\cdot t$$

と書けます。ただ、この答えは一休さんの外力が加わっていない場合。ここに共振を理解する最大のポイントが……実は一休さんは、自分のωをこの固有振動数$\sqrt{\frac{k}{m}}$に選んだのです！　釣り鐘を軽くたたくうちに、この$\sqrt{\frac{k}{m}}$を感じ取って押すタイミングを合わせたのでした。

次の教訓はあまりに大事です。部屋の壁に貼っておいてほしいくらいです。

「外力の振動数を固有振動数に一致させると共振が起こる」。

それでは西成秘伝の技を大公開。この共振が起きたときの状態xの解を求めましょう。

それは、外力がないときの解（$x=\cos\omega t$、ただし共振しているので$\omega=\sqrt{\frac{k}{m}}$）をこの$\omega$で微分する。これだけで求まります。

こうなる理由は難しいので残念ながら割愛しますが、cosを微分すると-sinになって、ωで微分するとtが前に出るので、結局、

$$x=\bigcirc t\sin\omega t$$

となります。

○には係数が入りますが、係数を求めなくても、振幅はsinカーブを描きながら時間

(t) を経るごとにどんどん大きくなることがわかります。この ω で微分すると共振の解が得られる、という方法は一般的な書籍には載っていないテクニックだと思います。ぜひ活用してみてください。

■第13時限

良い状態、悪い状態　何が景気の浮き沈みを支配するか

固有値の使い方としてもう1つ、景気予測を例題にしましょう。景気は良いか悪いか、どっちかしかありません。ここではシンプルにやりますが、本気でやると立派な研究になります。景気に限らず「良い」と「悪い」の二面性で考えられるものには応用できておもしろいのです。

景気の良しあしを予測する

2014年の景気はどうだったでしょうか…悪かった。2015年も……悪かったですね。毎年毎年、景気が良い、悪い、良い、悪いと来る。それを式にしてみましょう。

まず、景気が良い年があって、その次の年は良い年になるか、あるいは悪い年になるかのどちらかです。景気が悪い年の次もどうなるかで、合計4とおりの可能性があります。過去の統計から、良い年で次の年も良かった場合がいくつあったか、良い年で次は悪かったのはいくつかそれぞれ数えます。ここを確率で考えて、良い年の翌年も良い確率をpとしましょう。良い年から悪い年に変わるのは$1-p$です。確率は、トータルで1になりますから、同じように、悪い年の次の年も悪い確率をqとすると、良い年に変わるのは$1-q$です。

pとqさえ押さえてしまえば、来年どうなるかがわかります。では10年後、20年後、30年後はどうなるか。もうお気付きのことと思いますが、これは計算できてしまうのです。これを式に書きますね。

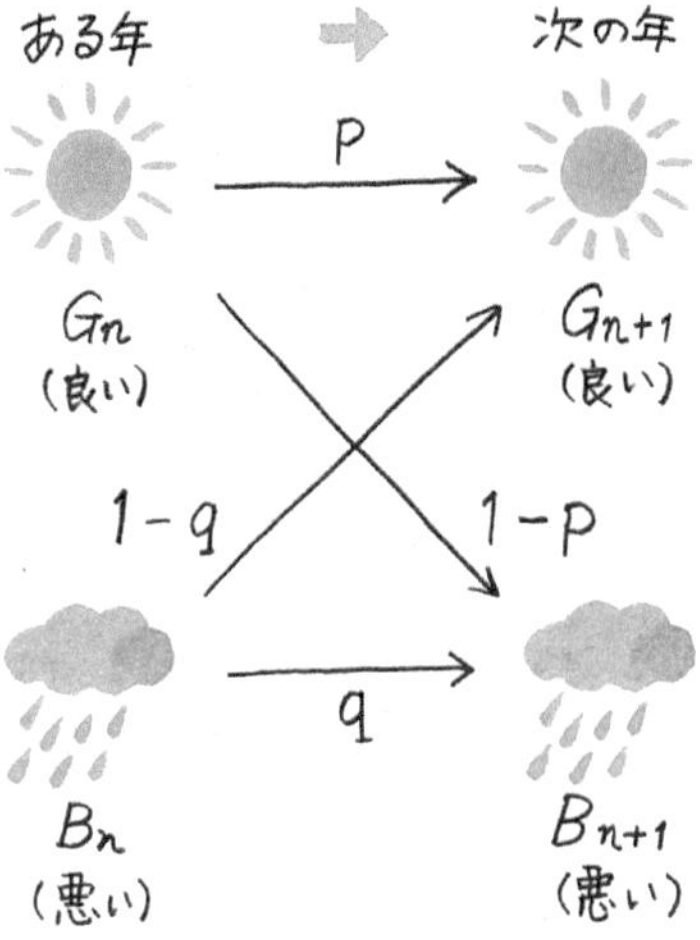

図13-1　こういう関係を「マルコフチェーン」と言います

$$G_{n+1} = pG_n + (1-q)B_n$$

$$B_{n+1} = (1-p)G_n + qB_n$$

良いのと悪いのはGoodとBadで、それぞれGとBとしましょう。ある年をnとすると、次の年は$n+1$ですね。G_nとB_nにそれぞれ次の年は良くなる確率を掛けて足し合わせると、G_{n+1}になります。B_{n+1}も同じようにして、２本の連立方程式になります。

さぁ、複雑になりました。こういうのを専門用語では「マルコフチェーン」といいます。

行列にも固有値

何やら複雑になってしまいましたが、ここでやりたいのは、ある年から次の年への変化を固有値で表すことです。式は2つありますが、これらを1本にして、最大固有値さえ求めればいいわけです。行列のことは知っていますか？

ぐったりする方もいるかもしれませんね。行列が出てきたかと。でも、ここはちょっと我慢。先ほどの2本の式は、行列なら1つの式で書けてしまうのです（図13-2の①式）。ここから固有値を引き出したい。

ある年（n）の良い（G_n）悪い（B_n）を並べて (G_n, B_n) と書きます。これの a 倍というのは、

$$\begin{pmatrix} a & 0 \\ 0 & a \end{pmatrix}\begin{pmatrix} G_n \\ B_n \end{pmatrix}$$

という行列の掛け算と同じです。

この式と、さっきの式（図13-2の①）が同じになる、というのが固有値の形（図13-2の②）ですから、整理すると、図13-2の③という式が出てきます。

こうなったときにやることは決まっております。

図13-2の③の式は行列で1つになっていますが、2つの式に分けられます。それは、こんな感じです。

行列で表すと

$$\begin{pmatrix} G_{n+1} \\ B_{n+1} \end{pmatrix} = \begin{pmatrix} p & 1-q \\ 1-p & q \end{pmatrix} \begin{pmatrix} G_n \\ B_n \end{pmatrix} \quad \cdots ①$$

固有値の形にすると

$$\begin{pmatrix} p & 1-q \\ 1-p & q \end{pmatrix} \begin{pmatrix} G_n \\ B_n \end{pmatrix} = a \begin{pmatrix} G_n \\ B_n \end{pmatrix} \quad \cdots ②$$

$$= \begin{pmatrix} a & 0 \\ 0 & a \end{pmatrix} \begin{pmatrix} G_n \\ B_n \end{pmatrix}$$

このaを求めたい

整理すると

$$\begin{pmatrix} p-a & 1-q \\ 1-p & q-a \end{pmatrix} \begin{pmatrix} G_n \\ B_n \end{pmatrix} = 0 \quad \cdots ③$$

図13-2

●G_n＋■B_n＝0

▲G_n＋★B_n＝0

これは、G_n＝B_n＝0なら、●や▲が何であろうと成り立ちますよね。でも、それではおもしろくありません。それ以外の解を持つには2本の式が同じものになる必要があります。同じ式ということは、●と■の比と、▲と★の比が同じ

$$\begin{pmatrix} p-a & 1-q \\ 1-p & q-a \end{pmatrix}\begin{pmatrix} G_n \\ B_n \end{pmatrix} = 0$$

↓

$G_n = B_n = 0$ 以外の解を持つには

$$p-a : 1-q = 1-p : q-a$$

↓

a の2次方程式ができる

$$a^2-(p+q)a+(p+q-1) \cdots\cdots ①$$

↓

これを解くと $a=1$、$p+q-1$

図13-3　aを求める

になることです。難しいですが、どうしても景気を知りたいですよね。

このことを先ほどの行列（図13-2の③）に当てはめるとa、p、qの間の関係が得られて、これはaの2次方程式になります（図13-3の①）。中学校で習う解の公式を使うと、答えが2つ出てきます。これが固有値。このうち、絶対値が最大のものが景気を左右します。n年後の景気が良い確率G_nは、この固有値のn乗で計算するのです。aの答えを言うと、1と$p+q-1$です。

n年目の景気はどうなる?

さあ、1と$p+q-1$という2個の固有値が出てきました。実は$p+q-1$の方は、絶対値が1よりも小さい。だから、n乗すると

$$(p+q-1)^n$$

はゼロに近づいていきます。長い目で見ると、結局1の方が支配するということがわかります。

でも、n年目にどうなるか、もう少し見てみましょう。先ほど、ある年から次の年への変化を行列で書きました。この行列をn乗すればいいのですが、行列の掛け算というのは少々面倒なんです。ましてや、n回もやるとなると大変です。しかも行列の掛け算は、普通の掛け算と違って順番を勝手に入れ替えてはいけないのです。

ところが固有値を使うと、この行列のn乗の計算がかんたんになります。詳しいことは省きますが、次の年への変化を表す行列は、このように分解した形に表すこともできます。図13-4の①です。

なんだか掛け算が余計に増えたように見えるかもしれませんが、実はn乗すればそうはならないのです。たとえば、この3つの行列を2乗すると、3番目と4番目の行列は打ち消しあってないものと考えてよくなります（図13-4②）。

こうして出した答えの真ん中の行列は、図13-4の③のように表すことができます。

$$\begin{pmatrix} G_n \\ B_n \end{pmatrix} = \begin{pmatrix} p & 1-q \\ 1-p & q \end{pmatrix}^n \begin{pmatrix} G_0 \\ B_0 \end{pmatrix}$$

$$= \begin{pmatrix} q-1 & 1 \\ p-1 & -1 \end{pmatrix} \underline{\underline{\begin{pmatrix} 1^n & 0 \\ 0 & (p+q-1)^n \end{pmatrix}}} \begin{pmatrix} q-1 & 1 \\ p-1 & -1 \end{pmatrix}^{-1} \begin{pmatrix} G_0 \\ B_0 \end{pmatrix}$$

固有値の対角行列のn乗

……④

スタートの年が「悪い」とき($G_0=0, B_0=1$)

$$\begin{pmatrix} G_n \\ B_n \end{pmatrix} = \frac{1}{2-p-q} \begin{pmatrix} 1-q+(q-1)(p+q-1)^n \\ 1-p-(q-1)(p+q-1)^n \end{pmatrix}$$

$$\xrightarrow[n\to\infty]{} \frac{1}{2-p-q} \begin{pmatrix} 1-q \\ 1-p \end{pmatrix} \quad \cdots\cdots ⑤$$

これを2乗ではなくn乗の式として整理すると、図13-4の④になります。

要するに、n乗のときも、固有値は1と$p+q-1$のn乗になるのです。

こうして、n年目に景気が良いか悪いかの確率の式がわかりました。

最初の年が良いか悪いかを決めておく必要がありますが、たとえば、2014年のように悪かったとします($G_0=0$、$B_n=1$)。これを代入して計算すると、図13-4の⑤になるのです。

$$\begin{pmatrix} p & 1-q \\ 1-p & q \end{pmatrix} = \begin{pmatrix} q-1 & 1 \\ p-1 & -1 \end{pmatrix}\begin{pmatrix} 1 & 0 \\ 0 & p+q-1 \end{pmatrix}\begin{pmatrix} q-1 & 1 \\ p-1 & -1 \end{pmatrix}^{-1} \quad \cdots\cdots ①$$

$$\begin{aligned} &\begin{pmatrix} q-1 & 1 \\ p-1 & -1 \end{pmatrix}\begin{pmatrix} 1 & 0 \\ 0 & p+q-1 \end{pmatrix}\begin{pmatrix} q-1 & 1 \\ p-1 & -1 \end{pmatrix}^{-1} \\ &\quad \times \begin{pmatrix} q-1 & 1 \\ p-1 & -1 \end{pmatrix}\begin{pmatrix} 1 & 0 \\ 0 & p+q-1 \end{pmatrix}\begin{pmatrix} q-1 & 1 \\ p-1 & -1 \end{pmatrix}^{-1} \\ &\quad = \begin{pmatrix} q-1 & 1 \\ p-1 & -1 \end{pmatrix}\begin{pmatrix} 1 & 0 \\ 0 & p+q-1 \end{pmatrix}^2\begin{pmatrix} q-1 & 1 \\ p-1 & -1 \end{pmatrix}^{-1} \quad \cdots\cdots ② \end{aligned}$$

$$\begin{pmatrix} 1 & 0 \\ 0 & p+q-1 \end{pmatrix}^2 = \begin{pmatrix} 1 & 0 \\ 0 & (p+q-1)^2 \end{pmatrix} \quad \cdots\cdots ③$$

図13-4　n年後の景気を求める

この国の行く末

最終的に時間がたったときにどうなるかというと図13-5のようになります。

景気が良くなる確率

$$\frac{1-q}{2-p-q}$$

景気が悪くなる確率

$$\frac{1-p}{2-p-q}$$

です。両方を足してみると、1になります。どっちかになるわけです。

つまり、景気が良くて次の年も良い場合と、景気が悪くて次の年も悪くなる場合の確

$\frac{1-q}{2-p-q}$
$\frac{1-p}{2-p-q}$
$p=q$のときは「良い」と「悪い」が50%ずつ
$p=0.5$、$q=0.3$のときは「良い」58%、「悪い」42%

図13-5　時間がたったときの景気が良くなる確率と悪くなる確率

率がわかると、ずっと先にその国の将来の景気がどうなるかが計算できる。これが固有値の仕組みというわけです。

――結局、景気は良くなるんですか、悪くなるんですか？

それは、pとqによります。pとqがどれくらいの値か。これはとても興味深いです。非常に科学的に、統計データから良い年悪い年、良い年良い年、悪い年良い年、悪い年悪い年というのを出してくると、pとqが決まります。この式をポンと代入すると、長い時間がたったときにこの国の景気がどうなるかわかるわけです。

これがマルコフチェーンの方法ですが、少しこの考え方を発展させるだけで立派な卒業論文になるほど難しいものです。ここでは固有値が2個出てきて、1個が消える。これだけわかっていればOKです。

——実際に、pとqの値を入れてみるとどうなりますか？

じゃあ、やってみましょう。たとえば、pでもqでもいいんですけど、$\frac{2}{3}$ぐらいを入れてみると、その状態がだいたい続くことがわかります。悪ければ悪いし、良ければ良い。$\frac{1}{2}$だと五分五分。五分五分だと予想は難しい……「まあ、どっちかだよ！」みたいな感じなので（笑）。

——pとqが等しいと？

全部$\frac{1}{2}$になっちゃいますね。ですから、もしpとqがイコールでなければ、どちらかに傾くというのがわかるんです。

現実には、単純に、次の年も完全に同じpやqにならない場合もあります。そこでもっと厳密にpやqをnの関数として扱うと博士論文くらいになります。

4回にわたって固有値について説明してまいりました。景気まで予測できちゃう固有値のパワーを感じていただけたでしょうか。予測にこんなに使えるというわけです。

しかも、いろいろな応用が利くんですね。たとえば、建物がいつ変形するかなんて課題も、同じように計算できることがあります。

特別講義 危機を乗り越える（ゲーム理論）

■第14時限

夏の電力不足をどう乗り切るか　進化ゲーム理論に見る「数学的解法」とは？

激動の今こそ数学的発想を

本書では、数理科学の有用性について解説してきました。論理体系として世の中の基礎をがっちりと支えている数学と、それを現実に応用できるように発展させた物理。これら2つを融合させた数理科学は、数学の力を最大限に生かすことで現実の問題を解決しようとするものです。どんなに時代が移り変わっても劣化しないのが数学です。そのため数学は、急激な環境の変化に対応するためのヒントを私たちに与えてくれます。

第14時限では、生徒さんたちと学ぶ授業をいったんお休みにして、日本を取り巻く環境が激変している今、社会人である私たちが知っておきたい数理科学的思考についてとりあげたいと思います。テーマは、日本で由々しき問題として議論されていた「夏のピーク時

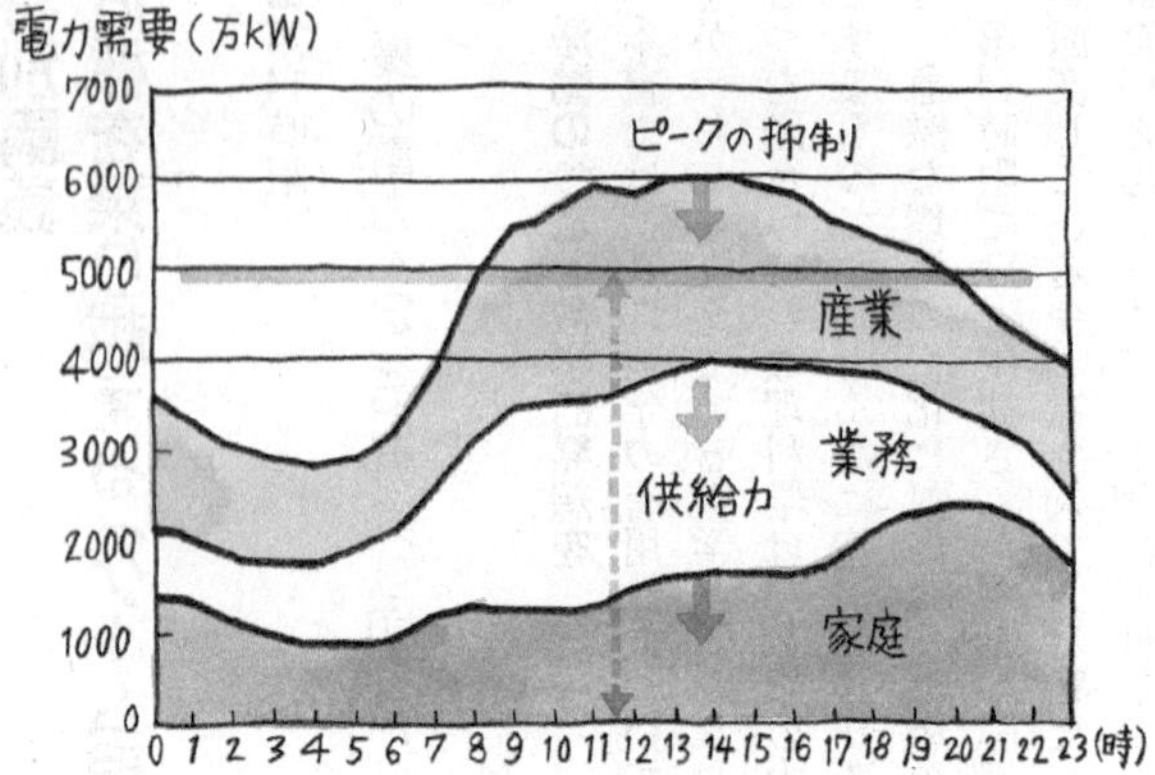

図14-1　東京電力管内の一日の電力需要（2011年4月）

における電力不足」としましょう。

図14－1は、テレビ番組などでよく見られた、東京電力管内の1日の電力需要（2011年4月現在）を表したものです。2011年夏の電力供給量は、上積み可能との報道もありましたが、5000万キロワット程度と考えると午前8時〜午後8時の間に電力不足に陥ることが懸念されていました。電力のユーザーは、工場などの「産業」とオフィスなどの「業務」、そして「家庭」の3つに大別できます。5000万キロワットの直線からあふれた山の部分を、どうにか直線の下に収めたい。どうすればいいと思いますか。

ここでクイズです。この議論を進める上で、絶対に欠かしてはいけない視点があります。理由は、これを忘れると実現可能な解決策を導き出せなくなるから。この議論には、少しそういった視点が欠けているように思います。何だかおわかりですか？

逃れられないトレードオフ

答えは「トレードオフ」です（図14-2）。片方に利益のある方法を選ぶと、もう片方の利益が減少してしまう。そんな二律背反にある状態や関係を言います。

東京電力の福島第一原子力発電所の事故を受けて、「原発反対」の声が高まっています。たしかに原発のリスクは大きいのですが、有限の資源である石油や天然ガスといった化石燃料に頼り続けるわけにもいかないでしょう。事実上無限である原子力や、再生可能エネルギの検討は避けられないのが実情なのです。そこで議論に組み込まなければならないのが、トレードオフの視点ではないでしょうか。

トレードオフは、どんな問題にも必ずといっていいほど存在します。大切なのは、その場しのぎの対策を続けるのではなく、全体をきちんと俯瞰《ふかん》し、科学的に分析すること。この例で言えば、原子力では大型プラントで集中的に電気を作って各地に送電しますが、再生可能エネルギは各地で分散して発電し、現地で使用するという特性があり、ここでトレードオフが生じます。つまり、原子力は発電効率が高い一方、再生可能エネルギは送電効率が高いわけです。このようなトレードオフの関係をつまびらかにできれば、あとは数理

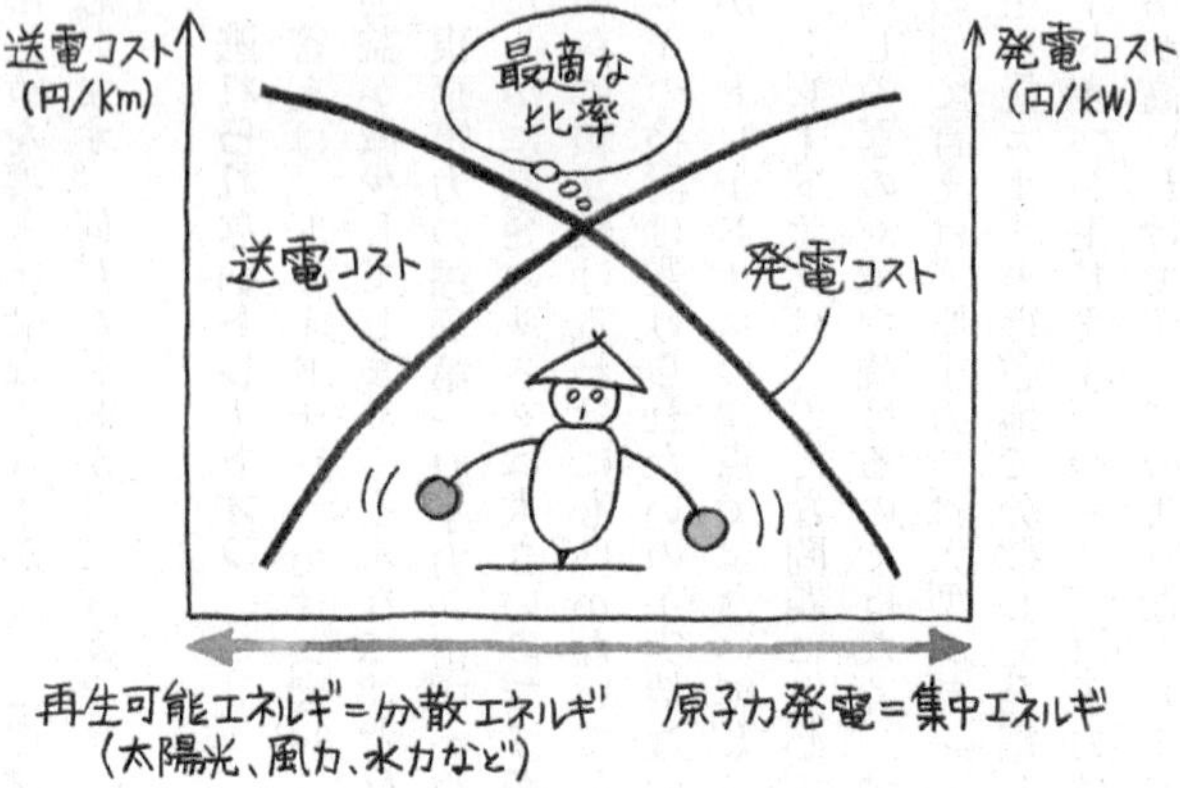

図14-2　トレードオフの関係では、私的な比率（交点）を選ぶことがひとつの解として考えられる

科学の出番です。モデル化し、ある条件を与えてシミュレーションをすれば均衡最適解が見えてきます。

　話が横道にそれてしまいました。電力需要のグラフに戻りましょう。電力需給緊急対策本部の発表などによると、2011年夏は、大手メーカーなどで25％程度、中小企業などで20％程度の電力抑制が必要になるといわれていました。これでは、日本経済に大きな影響が出るでしょう。私たちは、大口の需要家だけに削減を頼るのではなく、家庭も含めて全体として解決できる方法を考えることとします。

　ここで、数理科学の分野の中に比較的新しく登場した「進化ゲーム理論」をご紹介しましょう。進化ゲーム理論は、あるコミュニティーで同じゲームをし続けたとき、そのコミュニティーがどのように進化するかを研究する学問です。個人は自己の利益を最大化させようとし、他人の行動を予測しながら決断することを前提とします。

褒めて社会全体で得をする

2011年夏の電力不足は、まさに進化ゲーム理論のコミュニティーと同じ状況です。自分の利益を優先して電力を使いたいところだけれど、総量が一定を超えると大規模停電になってしまう。ここで自分の利益だけを優先する人のことを「利己主義者」とでも呼びましょうか。

コミュニティー全体の利益を考え、自らの欲望を抑える「協力者」を増やすには、いくつかの条件があることが進化ゲーム理論で証明されています。1つは、コミュニティーの構成員が血縁関係か知り合いである場合です。協力した方が結果的にコミュニティー全体の利益になり、回り回って自分自身の利益にもなるという情報が、すぐにコミュニティーに広がっていきます。

2つめは、血縁や知り合いではなくても、ある人の協力行為を「善い行い」として広く知らしめることです。これを間接互恵性といって、協力した人はコミュニティー内で評価されるという間接的利益を得ることができます。さらに、協力者のコミュニティーと利己主義者のコミュニティーを分離し、互いに行き来する情報を遮断するという方法もあります。

現代社会でこれらをそのまま実践するのは難しいですが、たとえば「一部の地域に協力者を意図的に集めて特区を造る」などということは十分に考えられます。その地域で少ない電力量を譲り合いながら使用することで、別の地域のような大規模停電が起きないとすれば、それを広く知らしめるわけです（譲り合うためには見える化が不可欠！）。こうすれば、別の地域にも譲り合いの輪が広がるでしょう。

この考え方は、工場内のカイゼン活動などにも当てはまります。最初に協力者を集めたラインを造り、そこが高い生産性を上げて会社から認められれば、ほかのラインの担当者も「自分たちもやろう」と思うはずです。

数学と聞けば、「どうせ数字や記号の羅列でしょ。なーんにもおもしろくない」と考える人が多いと思います。でも、数学は世の中の基礎、建物でいえば骨組みです。使える骨組みと組み方のコツさえつかめば、どんな土地にも思いどおりの建物を建てられるのです。

SEASON II

第5章 仕事で使える幾何（曲率）

■第15時限

工学部でもきちんと習わないカッパーくんの正体とは?

もっとある「科学者の武器」

この授業、いよいよセカンドシーズンに突入する運びとなりました。これまでついてきていただきありがとうございます!

これまでの授業で私たちは、主に予測についての勉強をしてきました。予測の精度をもっと高められれば、想定外の事象は減る。特にものづくりに携わる技術者にとって、想定外の事象の発生は可能な限り減らしたいものです。ファーストシーズンでは、そこに効く強力な予測の武器を伝授したつもりです。微分とか固有値とか、フーリエ解析などというのもありましたね。

では、セカンドシーズンでは何を学ぶのか。我々科学者は、予測だけではなくほかにもたくさんの「飛び道具」を持っています。ここで質問です。第1時限の授業で私は「数学の地図」を示したのですが、覚えていますか?(P19)

数学には3つの分野があるとお話ししました。その1つが幾何です。このほか、数学には代数と、解析という分野があります。セカンドシーズンは、これら3つの分野から1つずつ、私が厳選する「現場で使える武器」をとりあげます。そして最後に、謎の武器Xをご紹介！　その具体的な内容は、まだ内緒です。セカンドシーズンの最後までお付き合いいただいた方だけにお教えする「特典」としましょう。

それではまず幾何の分野から、私が常々、ものづくり現場でもっともっと使っていただきたいと考えている武器について解説していきます。

「カッパー」で人生を豊かに

本日のキーワードを言います。モノの曲がり具合を定量的に表す「曲率」です。英語ではCurvatureといいます。これを知っていると、あなたの人生は、きっと豊かになります！　私はよく、メーカーの方に頼まれて商品開発に協力するのですが、そこで存分に力を発揮してくれたものの一つが、この曲率です。でもこれ、工学部ではきちんと教えてくれません。工学部の教授でも、曲率の求め方がわからないなどということもあるくらいです。そこを本書では、西成流に攻めていきます。

まずはノートに好きな曲線を描いてみてください。髪の毛をノートの上に載せてもいいですよ。私のように髪の毛がない人は鉛筆で描いてください。

その線の、一番曲がっていそうな部分に点で印を付けます。次に、この点にくっついた円を描きます。このとき、曲線にめり込まないように気を付けてください。そうしたら、

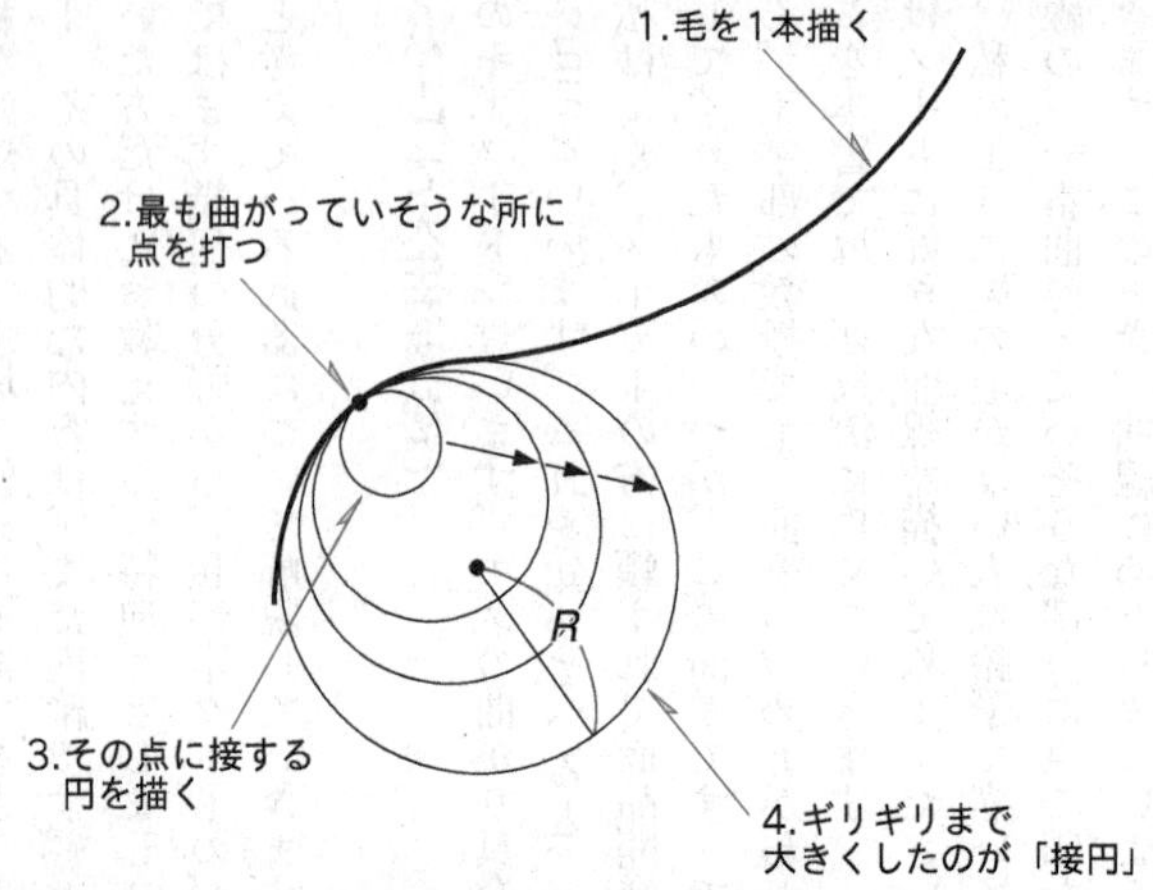
1.毛を1本描く
2.最も曲がっていそうな所に
点を打つ
R
3.その点に接する
円を描く
4.ギリギリまで
大きくしたのが「接円」

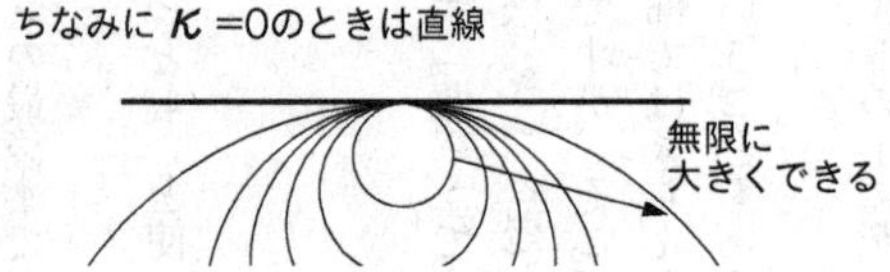
ちなみに K =0のときは直線
無限に
大きくできる

図15-1　接円

この円を引き続きめり込まないようにしながら、どんどん大きくしていきます。そして、ギリギリまで大きくなった円。これが「接円」です。

さぁ、これでもう、曲率の真髄にたどり着いてしまいました。曲率とは、この接円の半径Rの逆数。つまり$\frac{1}{R}$になります。

自動車を運転される方の中には、道路のカーブで「オレはR１００（m）だと燃える」などという人もいるかもしれません。このRを「曲率半径」といいます。ただ、よく曲率と曲率半径を混同している人がいます。曲率は曲率半径の逆数です。ここはきっちり認識しておいていただければと思います。

曲率（曲率半径の逆数）を表す記号には、ギリシャ文字のκ（カッパ、kappa）をよく使います。発音するときは「パー」と少し伸ばします。「パ」で止めると、誤解を生じやすいのでご注意ください。

これで頭の中には「$\kappa = \frac{1}{R}$」というすばらしい公式が入ってしまいました。

ではここでクイズです。ここに直線を描きました。このκはいくつでしょうか。

――ゼロ……。

おっ、いいですねぇ。直線の接円は限りなく大きくできますので、Rは無限大。κはその逆数ですから、正解はゼロ。拍手！

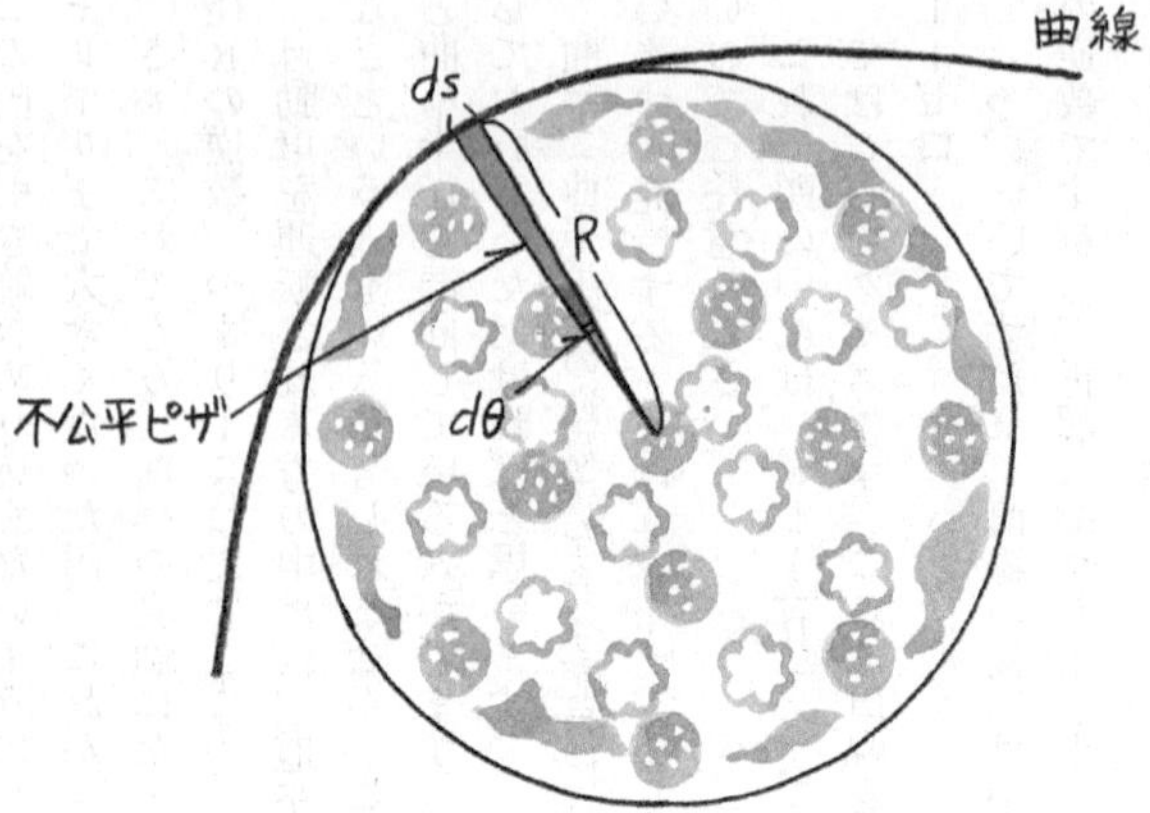

図15-2　不公平ピザでdsとθを考える

ピザの角度を耳の長さで微分

この曲率をもっとものづくりの現場で生かしましょう。私は、現実にはそれがまだまだ足りないと思っています。機械部品などにおいてもっとも壊れやすいのは、曲がりがもっとも大きな部分です。「たわみ」とか「ねじれ」とかも含めて、技術者がその曲がりを定量的に把握することは非常に大切なのです。

ただ、この$\kappa = 1/R$。これをそのまま現場で使えと言われても、なかなか使えませんよね。Rを知りたいわけですが、ノートでやっていただいたように、円をどんどん大きくしていって定規で測るわけにもいきません。

そこで、もう少し高級な式、現場で使いやすい「スーパー公式」を導入することにしましょう。ここで少しハードルが上がりますよ！

調べたい接円をピザにたとえて考えてみます。

そのピザの、ちょうど曲線に接している耳の部分を弧に持つような扇型をわずかに切り取ります。それを切り分けられた人が「ほとんど空気じゃないか」と怒り出すくらい小さな「不公平ピザ」です（図15-2）。

この不公平ピザを切り分けたときの中心角θ（シータ、theta）は非常に小さいですね。微分の勉強でも出てきましたが、このようにあまりに小さい場合は、記号の前にdifferenceのdを付けて$d\theta$と書きます。

では、不公平ピザの耳の部分の長さsはどうでしょうか。これも切り分けられた人が怒り出すくらい小さい。なので、dsと表記します。半径は、大きなピースを取った人も不公平ピザを与えられた人も、もちろん同じRになります。

このRに$d\theta$を掛けた値はdsに等しい（$Rd\theta=ds$）という式があります。曲率κは、Rの逆数です。$Rd\theta=ds$の式の、左辺の$d\theta$を右辺に移項すると、$R=ds/d\theta$。これの逆数$1/R$は、$d\theta/ds$となります。つまり、θをsで微分したものが曲率κになるというわけです。

この式を知っていると、ものづくりのいろいろな場面で活用できるのですが、意外と現場の技術者には知られていません。

もう少し丹念に説明をしていくことにしましょう。

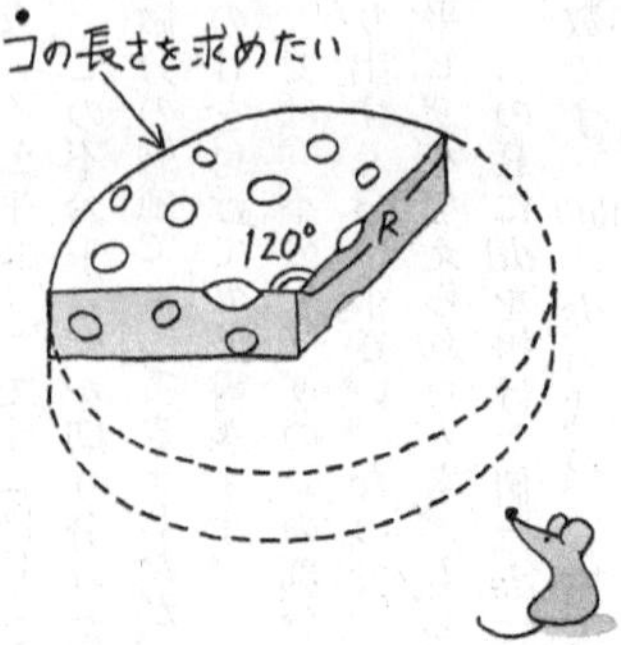

図15-3　コの長さを求めるには？

公式は覚えずに「導く」

曲率で私がもっとも伝えたいのが、この

$$\kappa = \frac{d\theta}{ds}$$

です。今から、この式がどのように導けるかを説明します。実は私は今までずっと公式は「覚える」のではなく「導き出す」手法を採ってきました。授業中も学生たちに「ちょっと待ってね」とか言って、黒板の隅っこで導出の計算をしています。公式をただ暗記していると、時と共に忘れてしまったり本来の意味を見失ってしまったりしてしまいがちです。でも、導き出す方法なら本質を理解しているので忘れません。

最初の関門は「Rに$d\theta$を掛けた値はdsに等しい（$Rd\theta = ds$）」という式です。これをまずきちんと理解します。

今度は円を大きなチーズにたとえてみましょう。このチーズをネズミさんが、半径R、$\theta=120°$の扇形だけきれいに残して食べてしまいました（図15-3）。そして私たちは、残ったチーズの弧の長さを求めたいわけです。円周の求め方は、覚えていますよね。円周は$2\pi R$、円周率πは3・1415…です。

コの長さを求めます。あっ、今ちょっとしたギャグ言いました…。

120°の弧の長さは円周$2\pi R$の$\frac{1}{3}$ですから、$\frac{2}{3}\pi R$。ちなみに360°は2πとも表現できます。したがって、120°（θ）は$\frac{2}{3}\pi$となります。大人になると角度は度ではなくπを使って表します。この記法だと、半径に角度θを掛けたものが弧の長さになります。

$$Rd\theta=ds$$

を導き出せました（図15-4）。

次の関門は「θをsで微分したら曲率κになる（$\kappa=d\theta/ds$）」ことの物理的イメージを理解するところです。ここで一気に難しくなりますが、その説

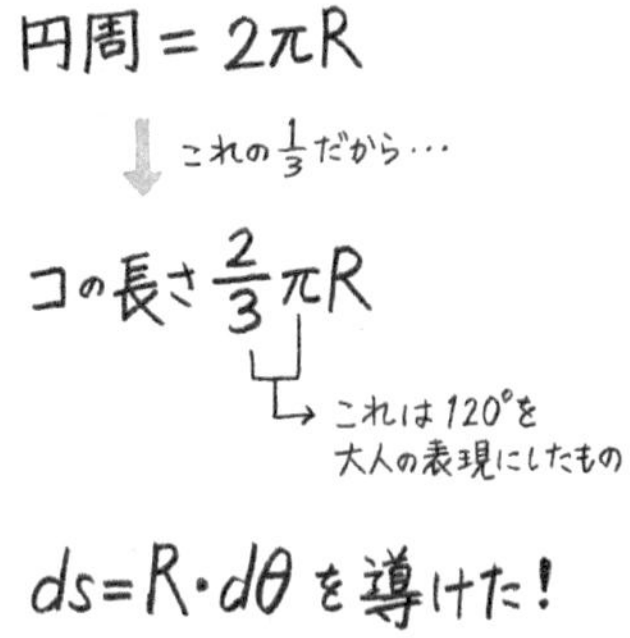

円周＝2πR
これの1/3だから…
コの長さ 2/3πR
これは120°を
大人の表現にしたもの
ds=R・dθを導けた！

図15-4　公式は導くと忘れません！

明は第16時限で、滑車（プーリ）を用いたベルト駆動の事例と共に解説します。難しくなるとはいえ、ファーストシーズンで微分を勉強したみなさんなら心配ご無用。忘れた方は、私の書籍『とんでもなく役に立つ数学』（角川ソフィア文庫）でも説明していますので、ご一読ください。

次回は数学好きが喜ぶ「フレネーの式」というものも登場します。

■第16時限
モノの壊れやすい場所を言い当てる　もっと使って！カッパーくん

「不公平ピザ」が握る秘密

第15時限からスタートした『仕事で役立つ』のセカンドシーズン。このシーズンではものづくりの現場でぜひ使っていただきたい強力な「科学者の武器」を次々に紹介していきます。最初のテーマは曲率です。モノの曲がり具合を定量的に表すもので、実はとても使えるのです。まずは第15時限のおさらいをしておきます。

曲率のもっとも基本的な式、覚えていますか？「曲率κは、接円の半径Rの逆数である（κ＝1／R）」というものでした。接円とは曲線に接していて、かつ、その線に交わらないギリギリまで大きくした円のことでしたね。

でもこの式、このままだとやや使いづらい。いちいち接円をノートに書いて、半径を定規で測るわけにもいきません。そこで私が伝授したスーパー公式が

$$\kappa = \frac{d\theta}{ds}$$

でした。dsは、接円と曲線がくっついている付近の2点の距離、$d\theta$は、この2点と円の中心点が作る角度を示します。ただし、2点といってもその距離はほんのわずか。これがもしピザだったら、そのピースを分け与えられた人が「ほとんど空気じゃないか」と怒り出すくらい不公平なピザ、という話でした。

第15時限は、スーパー公式の元となる

$$ds = Rd\theta$$

の式を導き出したところで終わりました。第16時限ではいよいよ、「θをsで微分すると曲率κになる（$\kappa = d\theta / ds$）」ことの物理的なイメージをしっかりとつかみます。これがイメージできれば、曲率の本質はもうバッチリです。

その前に、ものづくりの現場で生じた課題を曲率を使って解決した例をご紹介します。滑車（プーリ）を用いたベルト駆動の課題で、私があるメーカーから実際に相談を受けて、解決のお手伝いをした「実例」です。

曲率が大きいと壊れやすい

それではお待ちかねのクイズです。

図16-1の①のような機械部品があったとします。少し離れた場所に同じ大きさの2つのプーリが設置されていて、その周りにベルトが巻かれています。自転車のチェーンのように、片方のプーリが回転すると、もう片方のプーリも回ります。回転方向は時計回りです。クイズの質問は「ベルトのどこが一番壊れやすいか」。さあ、どうやって答えを見つけますか？

私はというと……そう、ここで曲率を使いました。ベルトのある点、たとえば上側の、2つのプーリの真ん中をスタート地点（S＝0）として選びます。そして、ここからの移動距離を横軸に、曲率κを縦軸にしたグラフを作りました。2つのプーリの周りをベルトがぐるっと1周するまでに曲率がどう変化するか、つまり「曲率分布」を見たわけです。

さあ、考えてみてください。グラフを描けている人もいますね。そうです。プーリの半径をRと置くと、ベルトがプーリの中心点の真上に来るまでκは0。前回の授業で「直線の曲率は0」と勉強したことを覚えていました。すばらしいですね。では、中心点の真上のところでκは……？

――$\frac{1}{R}$。

そう、$\frac{1}{R}$となって、中心点の真下に来たところで再び0に戻ります。つまり、こんなフタコブラクダのようなグラフになるわけです（図16-1の②）。でも、ここで終わらないのがものづくり現場のおもしろいところ。このベルト駆動を高速度カメラで撮影してみ

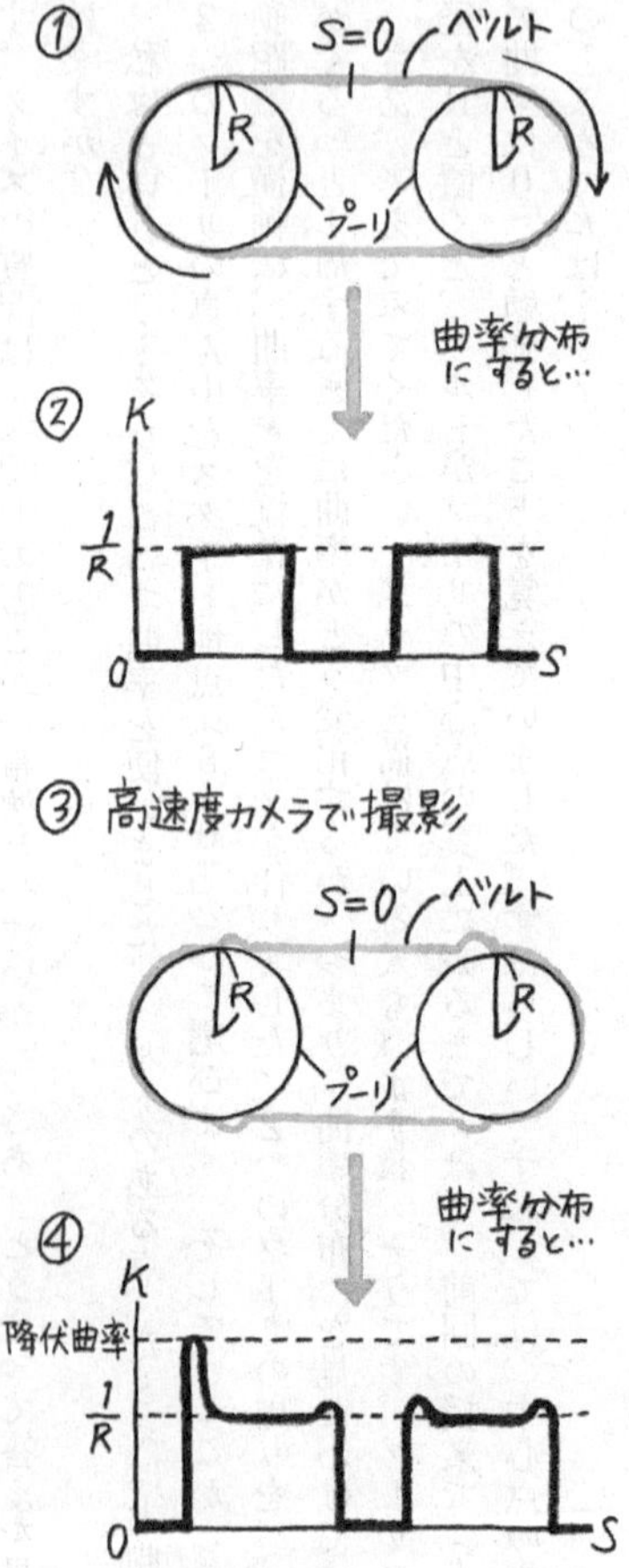

図16-1　クイズ！　どこが一番壊れやすい？

ると、曲率が変化する地点でベルトがたわんでいたことがわかりました（図16-1の③）。曲率分布にすると、コブに耳が生えたような形になったのです（図16-1の④）。

先ほどの「どこが一番壊れやすいか」という質問に戻ります。たとえば、4つの耳の中でも最初の耳だけ、ウサギのように長かったとします。それが「このベルトはこれ以上曲げると壊れますよ」という降伏曲率を上回っていたとすると…答えは「右側のプーリの中心点の上あたり」となります。

こんなふうに曲率は使えます。

法線と接線を回さずズラす

では本題に入りましょう。「θをsで微分すると曲率κになる（$\kappa=\frac{d\theta}{ds}$）とか言われても、なんだかイメージしづらいですよね。ここで我々がよく使っている「フレネーの式」（フレネ＝セレの公式）を紹介しようと思います。曲率とくれば、フレネーには触れねーと……（笑）。

これはとても難しい式なので、一般の方向けに紹介するのは恐らく「世界初」ではないかと思います。そして「本題と何の関係があるんだ？」なんて思っている方もいるかもしれませんが、大丈夫です。最後はつながっていますから。

さて、言ってしまったからには説明しましょう。まずは先ほどのピザで出てきた曲線と

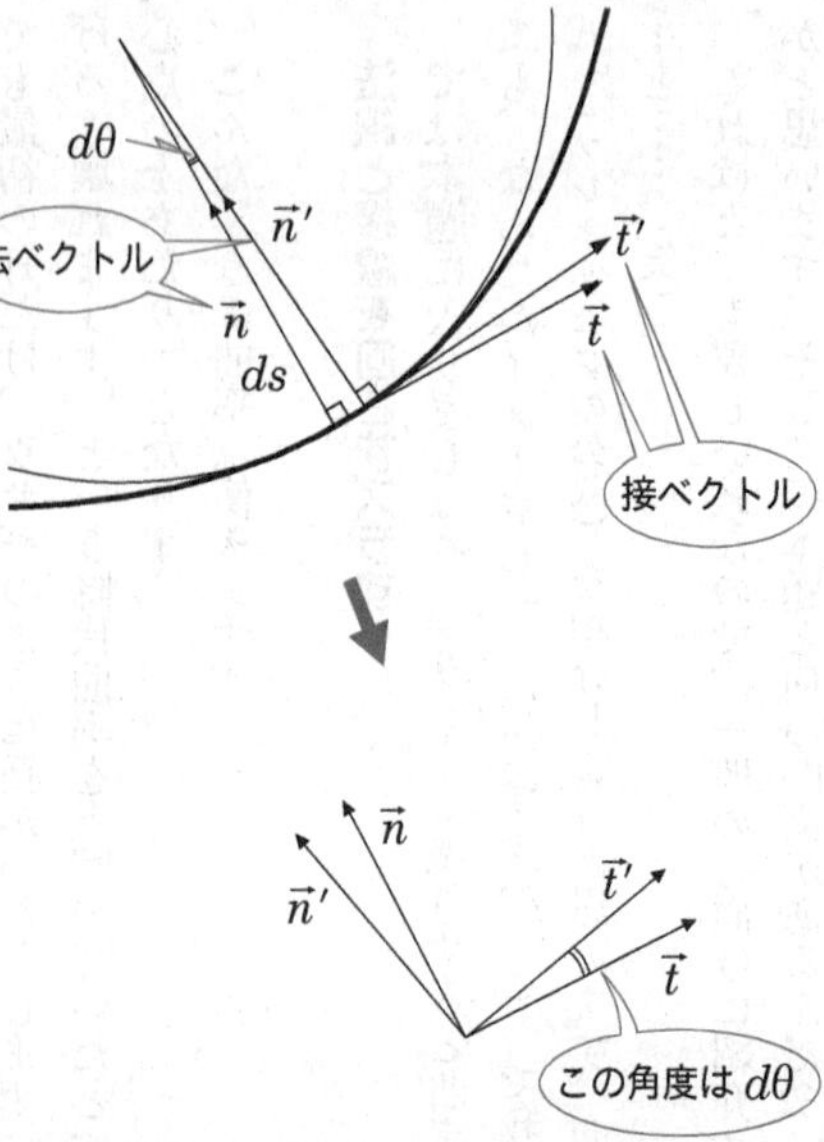

図16-2　フレネーの式

接円を思い浮かべてください。ここでもわずかに離れた2点の距離をds、その2点と中心点を結ぶ半径が作る角度を$d\theta$とします。今回はさらに2点の接線、つまり、それぞれの半径に対してちょうど90°の方向の線をピッ、ピッとひげのように書き足してみてください（図16-2）。すると、2つの直角ができる。そして、1辺の長さをすべて「1」とします。こういうのを「基底」といって、数学ではとても大事な考え方になります。

線や面に対して90°に突き出た線を「法線」、そして方向まで考慮したものを「法ベクトル」といいます。法は英語でnormalなので、左側の法ベクトルを$\vec{n}$、右側の法ベクトルを$\vec{n'}$としましょう。上の矢印はベクトルの意味です。先ほど書き足した接線の方向は「接ベクトル」といいます。英語ではtangentialなので、ここではそれぞれ$\vec{t}$、$\vec{t'}$とします。さぁ、これで準備は整いました。これからがすごく大切な話です。

この$\vec{n}$と$\vec{t}$を、そこからdsだけ離れた$\vec{n'}$と$\vec{t'}$のところにそのまま回さずに平行移動させ、角を合わせます。すると、$\vec{t}$と$\vec{t'}$の角度は何度になるかわかりますか？

――$d\theta$？

そう！　文系の生徒さんも直感でわかってしまいました。ここまでわかれば、フレネーの秘密をつかんだも同然です。ここでもう一度、アノ式を思い出してください。

曲率は向きの変化の度合い

私たちが求めたいのは$\vec{t}$と$\vec{t'}$の差（$d\vec{t}$）です。ここでアノ式、

$$ds = \mathrm{R} \cdot d\theta$$

を応用します。ただし、ベクトルには「大きさ」と「方向」の2つの量があることを忘れ

てはなりません。つまり、単純に辺の長さに$d\theta$を掛けただけでは、$d\vec{t}$は求まらないのです。

$d\vec{t}$の「大きさ」は、先ほど1辺を1としましたから、

$$1\cdot d\theta$$

で「$d\theta$」になりますね。足りないのは「方向」です。そこで「$\vec{t}$が$\vec{t'}$になるときにどちらの方向にベクトルが動いているかな」という視点でもう一度、図を見てみると、$\vec{n}$の方向だと見なしてよいことがわかります。答えは、

$$d\vec{t}=d\theta\cdot\vec{n}$$

になります。

あともうひと踏ん張りです！　図16-3を見ながら読んでください。冒頭でご紹介した$\kappa=\frac{d\theta}{ds}$の右辺の$ds$を左辺に移項すると、$\kappa\cdot ds=d\theta$となりますよね。ですので、先ほどの$d\vec{t}$の式にこれを代入すると、$d\vec{t}=\kappa\cdot ds\cdot\vec{n}$となります。この右辺の$ds$を左辺に移項させると、$\frac{d\vec{t}}{ds}=\kappa\cdot\vec{n}$。これが、フレネーの式です。

「幾何ファン」の方は喜んでくださると思うのですが、少し難しかったかもしれません。

でもこれはものすごく大切なことを言っている式なのです。

予測の勉強をしたファーストシーズンで、私たちは「微分は傾き（変化の比）である」と学びました。ものすごく小さく区切った時間をdxとして、

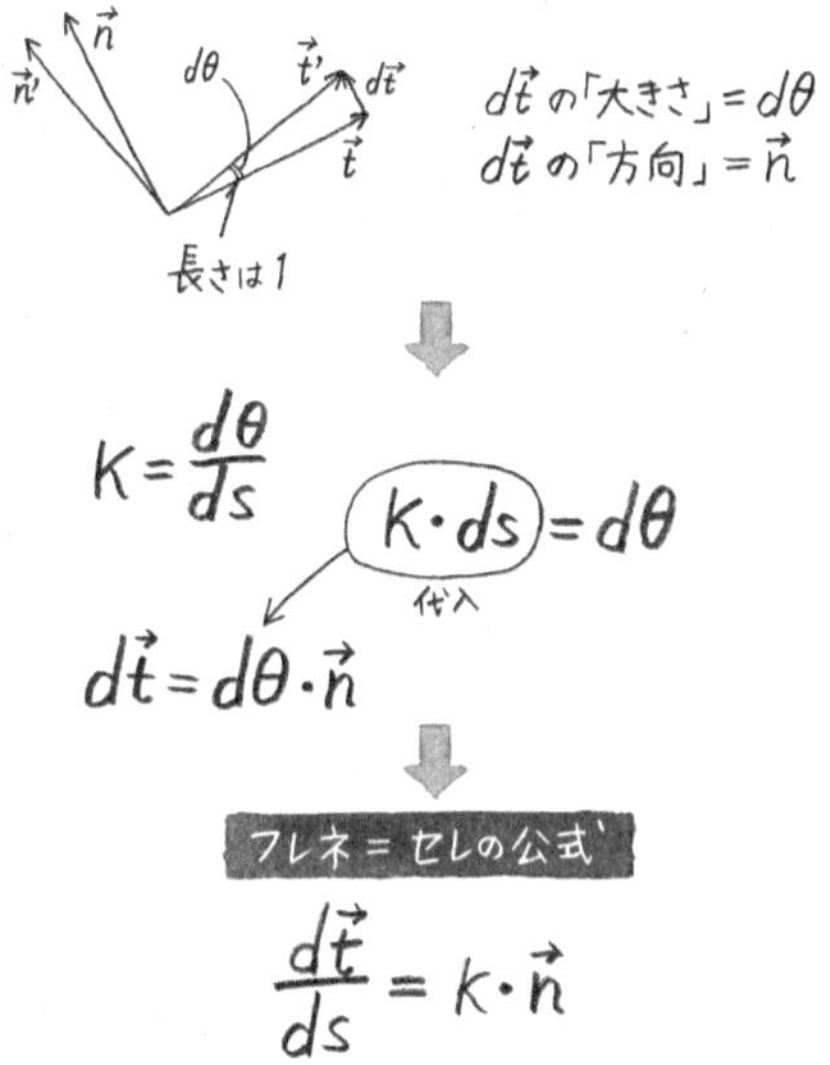

図16-3　フレネ＝セレの公式を導く

現在の状態 … $y(x)$

dx後の状態 … $y(x+dx)$

とすると、

$$\frac{[y(x+dx)-y(x)]}{dx}$$

で傾きが求まります。これを踏まえた上でフレネーの式を見て

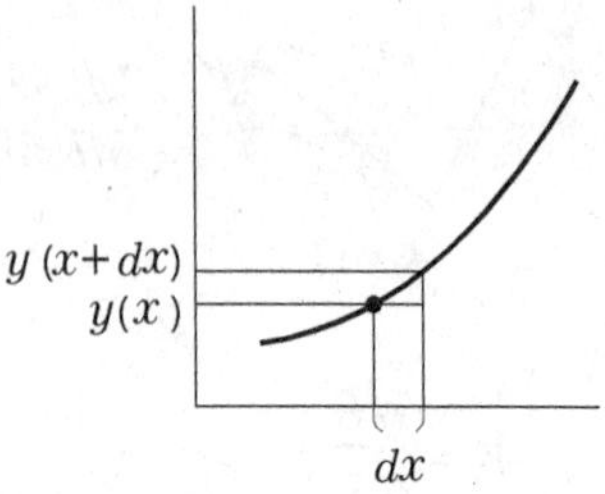

図16-4　微分

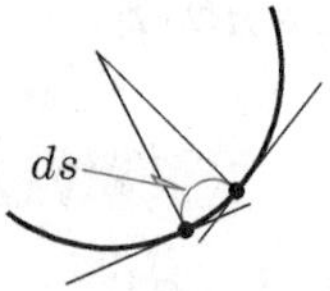

図16-5　曲率。接線の傾きの変化

みると…これも変化の比になっています。$\vec{t}$と$\vec{t'}$という接線の傾きの変化、つまり「曲率は接線の傾きの変化の大きさである」と言えるのです。

少しややこしくなってきましたが、別の言い方で整理します。フレネーの式から、曲線をものすごく小さな距離（ds）で区切ったとき、dsの前と後の接線の傾きの変化の大きさが曲率になります。以上のことは、フレネーの式の絶対値をとってみるとわかります。$\vec{n}$の大きさは1だから、

$$\left|\frac{d\vec{t}}{ds}\right| = \kappa$$

となりますね。そして、先ほど答えていただいたように$d\vec{t}$と$d\theta$の大きさは等しい。つまり、θをsで微分すれば曲率が求まります。こうして接円を作図しなくても済むようになりました。次の第17時限は2次元の世界から飛び出します！

■第17時限

新商品開発に生かせる幾何弾丸ツアーで曲率を究める

車が無理なく曲がるには

第15、16時限の授業でみなさんは、曲率とは何たるかの本質を理解しました。曲率とは、曲線の接線の傾きの変化の大きさでしたね。そして、曲率のスーパー公式は？

$$\kappa = \frac{d\theta}{ds}$$

――そうです。

第17時限は、曲率の本質を理解したみなさんに私からのプレゼントにしたいと思います。幾何の世界のおいしいところ全部を超短時間で堪能《たんのう》できる「西成プロデュース、幾何弾丸ツアー」にご招待します！　この旅を終えれば、幾何の骨組みをすべて理解したも同然、しかも、新商品の開発に役立つヒントも盛りだくさん。きっと、幾何においてのたしかな自信をつかんでいただけることでしょう。

最初の観光スポットは、みなさんおなじみの高速道路です。渋滞学を研究する私の専門分野でもあります。高速道路の設計には曲率が活用されているのは、ご存じでしたか？

高速道路の出口によく、図17‐1のようなカーブがありますよね。先に進めば進むほど、曲率はギュッと小さくなっています。でも、そこを運転するときは、急にハンドルを切ったり急に減速したりしなくてもスムーズに曲がれますよね。このように、運転する人が無理なく運転できるカーブのことを「クロソイドカーブ」といって、実は高速道路のすべてのカーブはこれで設計されています。

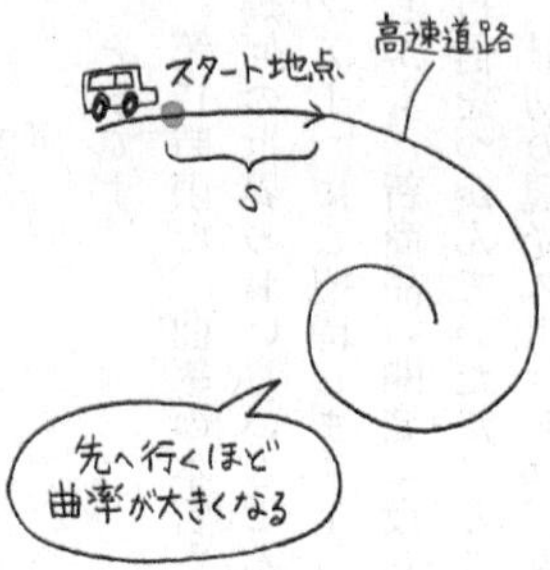

図17-1　クロソイドカーブ

ここで、お待ちかね（？）の式の登場です。クロソイドカーブの式は、ある地点から自動車が進んだ距離をsとして、

$$\kappa=2s$$

になります。ではなぜ、こうすると運転しやすいか、私、西成ガイドが説明しますのでついてきてくださいね。

ハンドルの回し方を一定に

そもそも「運転しやすいカーブ」とは、どのようなカーブでしょうか。それは「運転する人が、自動車の速度を一定に保ったまま、ハンドルを一定の速度でゆっくり回転させれば曲がれるカーブ」のことです。つまり、カーブで急にハンドルを大きく回さなくてもすむため、安心して運転ができるのです。では、$\kappa=2s$が本当にそうなっているかを検証します。

例のスーパー公式、

$$\kappa=\frac{d\theta}{ds}$$

をここで使います。このθは道路のカーブの角度で、真っすぐな道ならθは0です。先ほどの式にこれを代入すると、

$$\frac{d\theta}{ds}=2s$$

となります。私たちは、高速道路のスタート地点から、自動車がどのくらい進んだときに、どのくらいハンドルを切ればよいかを知りたいのですよね。そこでまず、$\frac{d\theta}{ds}=2s$をs

（距離）で積分してθを求めます。

第4時限で「積分は微分の逆操作」と勉強しました。微分は「肩の荷を降ろす」というアレです。s^2をsで微分すると$2s$になるので、$2s$の積分はs^2になります。

次にsを車の速さvを使って表しましょう。スタートしてから経過した時間（秒）をtとすると、進んだ距離sは、速さvが一定なら$v \cdot t$に等しくなります。これを先ほど求めたs^2に代入すると、

$$\theta = v^2 \cdot t^2$$

となります。

ここから、ハンドルの角度を時間とともにどう変化させればよいかわかります。ハンドルはタイヤの向きを変えるときに回しますよね。そして、タイヤの向きは、もちろん道路の接線方向を向かなくてはなりません。この瞬間でハンドルを回す量は、道路の角度θの変化率、つまりθを時間で微分したものになります。

ハンドルの角度を求めるには、$\theta = v^2 \cdot t^2$をtで微分します。右辺のtだけ肩の2が降りるので、答えは

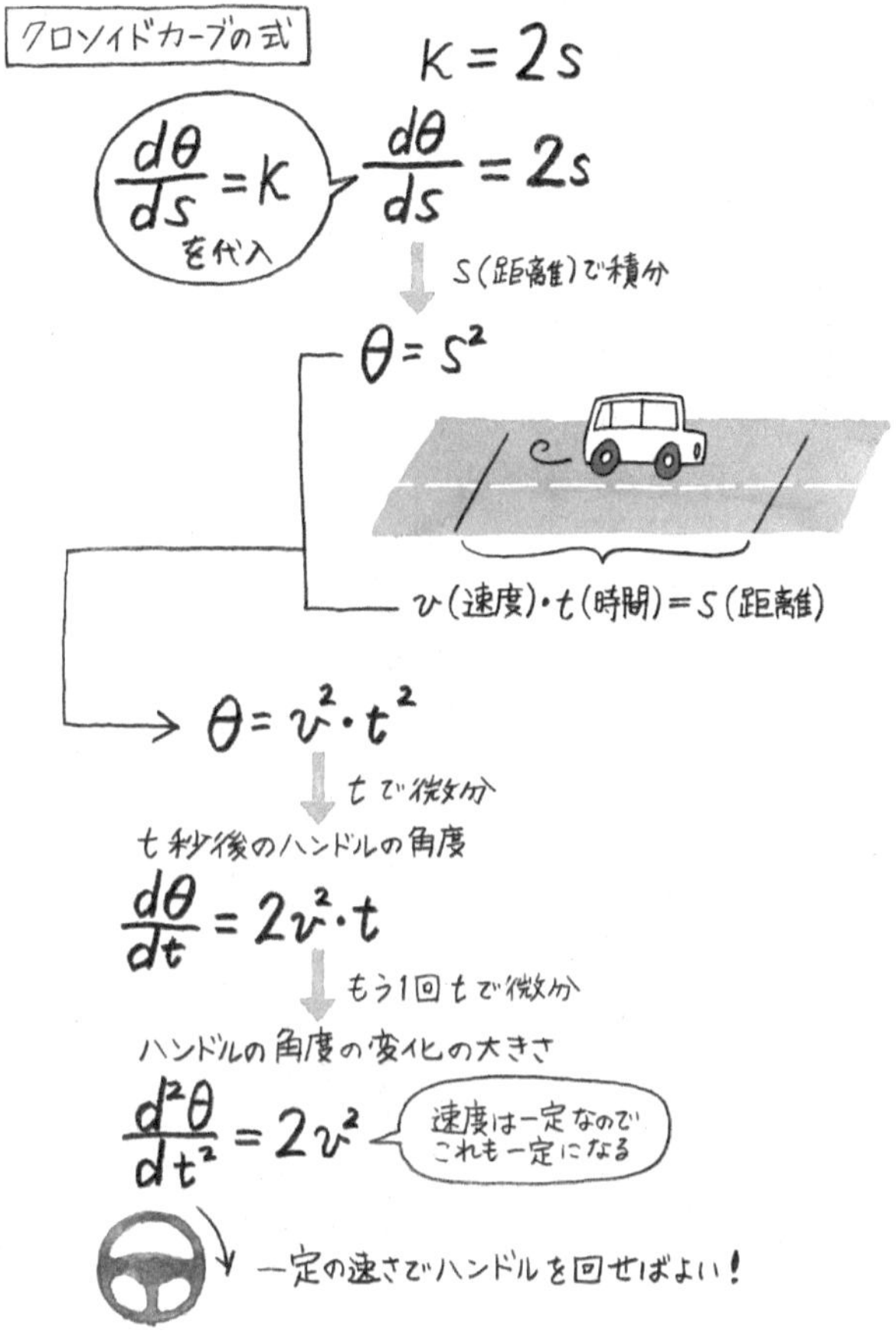
クロソイドカーブの式
K=2s
dθ/ds=K を代入
dθ/ds=2s
s(距離)で積分
θ=s²
v(速度)・t(時間)=s(距離)
θ=v²・t²
tで微分
t秒後のハンドルの角度
dθ/dt=2v²・t
もう1回tで微分
ハンドルの角度の変化の大きさ
d²θ/dt²=2v²
速度は一定なので
これも一定になる
一定の速さでハンドルを回せばよい!

図17-2　クロソイドカーブの式

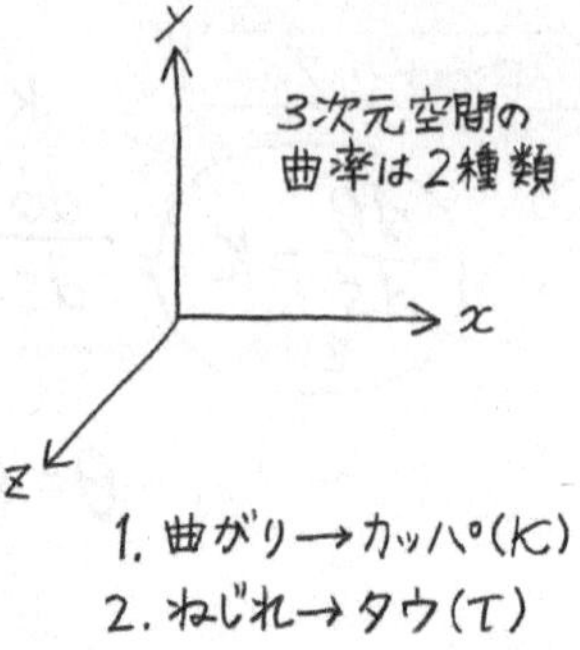

図17-3　空間における曲率

$$\frac{d\theta}{dt}=2v^2\cdot t$$

となります。これがハンドルを切る量を表します。

さぁ、ここで重要なことを確認しておきましょう。スムーズに曲がるためには、ドライバーは自動車の速度を変えたくありません。ですので、vは一定です。ということは、$d\theta/dt=2v^2\cdot t$の式から、時間tが大きくなればなるほどハンドルの角度は大きくなっていくことがわかります。

では、どのように大きくなっているのでしょうか。それを求めるには、さらにもう1回tで微分します。その答えは$2v^2$で一定です。つまり、運転する人は一定の速さでハンドルを回転させればよいことになるわけです。

ねじれは5円玉で理解する

次の観光スポットは「宙に浮かぶ曲線」です。先ほどのクロソイドカーブは2次元でし

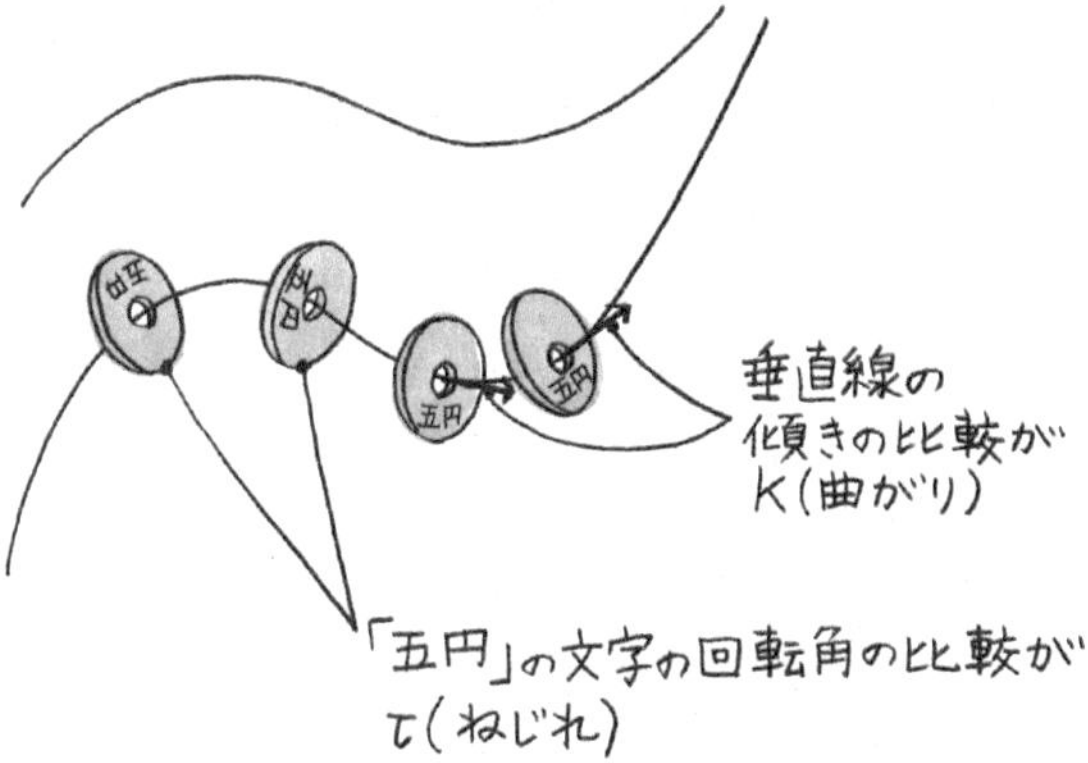

図17-4　ひもに5円玉をとおした絵をイメージする

たが、今度は3次元の世界にお連れします。宙に浮かぶ曲線とは…新体操のリボンをイメージしてもらうとわかりやすいかもしれません。曲率で物の曲がり具合を定量的に知っておくと物の壊れやすい部分をある程度は予測できると、第16時限で学びました。その曲率を2次元ではなく3次元で把握しておくと、予測がもっと精密になります。

3次元といっても、恐れることはありません。物の曲がり具合を示すκに加えて、もう1つの曲率さえ知っていればOK。それが「ねじれ」です。記号はτ（タウ、tau）をよく使います。ねじれは、x、y、zの3次元空間になって初めて登場する概念です（図17-3）。

ここでおなじみの西成ポイント。あまり教科書には載っていない、ねじれの定義をすぐに理解できる方法を伝授しましょう。すごくかんたんです。

図17-4のような曲がりくねった宙に浮かぶひもがあったとします。5円玉の穴をこのひもにとおし、5円玉がくるくる回らないように固定します。このとき、5円玉の面は常にひもに対して垂直で、5円玉の文字も傾かないように気を付けます。たったコレだけ。この裏技さえ知っていれば、これまでみなさんが学んできた曲率の議論をそのままねじれ（τ）にも適用できるのです。便利ですよね？

まず、κから見ていきます。曲率とは、接線の傾きの変化の大きさでしたよね。5円玉の法線（5円玉の面に垂直な線）はひもに沿っていますから、この5円玉の中心点から垂直に出る線を描けば接線となります。求めたい部分の両端に5円玉を2枚置き、それらの法線の傾きの変化を見ればκを算出できます。では、ねじれ（τ）はどうでしょう。やはり同じように、求めたい部分の両端に5円玉を2枚置きます。ただし、今回は5円玉の文字がどう回転したかを見ます。5円玉の回転角の変化の大きさがτなのです。

ガウス曲率の要は「符号」

実は、幾何の世界ではこんな定理があります。「κとτさえわかれば、空間曲線は一意に決まる」。つまりこの2つの曲率がすべてを決定する肝になる量なのです。すばらしいでしょう？

さぁ、この勢いで3つめのスポットに突入です！　今度は、線の世界から面の世界へご案内します。

曲面の世界においても、理解しておくべきことは非常にシンプルです。図17-5のような曲面があるとしたらどうしたらいいと思いますか。

こんなふうにみなさんが着ている衣服みたいにメッシュを切ることで理解すればいいのです。つまり、2方向の曲線が交わって曲面を作ると考えます。ただし、方向が2つあるので区別せねばなりません。1つの方向の曲率をたとえばκ_1、もう1つをκ_2とする。この2つのκを掛け合わせて大文字のKとして表したものを「ガウス曲率」といいます。

ガウス曲率で大切なのは符号です。κ_1かκ_2の両方とも正か負なら、Kは「正」、どちらかが正でどちらかが負なら「負」、どちらか、あるいは両方0なら「0」となります。これがわかると何がうれしいのでしょうか。実は、曲面の形状はこの符号によって大別できるのです。Kが正ならおわん型、負ならラッパのような形、0なら円柱形か平面になります。つまり、「何となく曲がっている」という表現でなく、「ここはガウス曲率が0.7だから」などと言った方が形が正確に伝わるのです。

楽しかった幾何の弾丸ツアーも、いよいよ終着地点となりました。最後は「これを知っておくと異性にモテるかも？」というとっておきのネタです。その名も「ガウス＝ボンネ

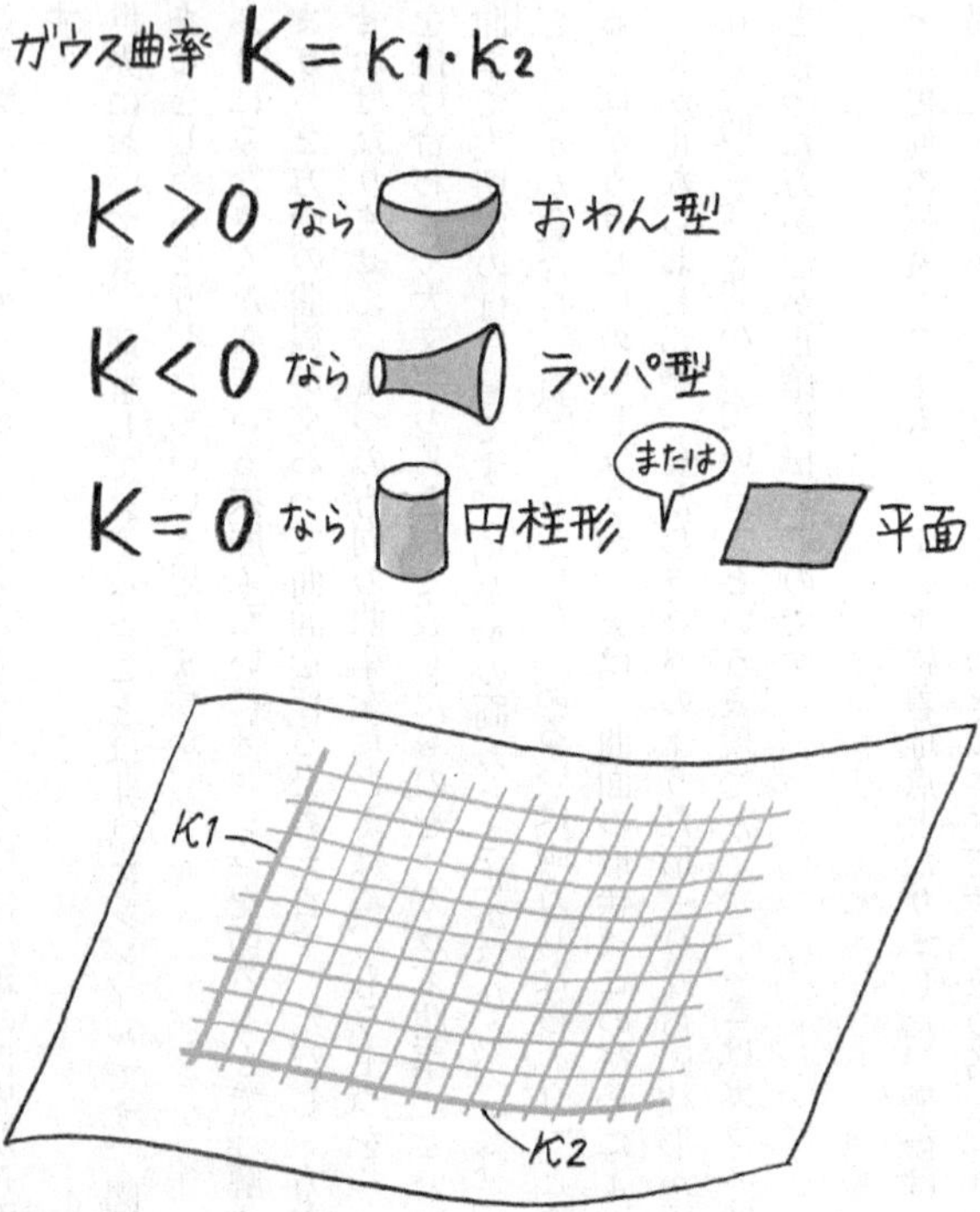
ガウス曲率 K＝K1・K2
K＞0 なら おわん型
K＜0 なら ラッパ型
K＝0 なら 円柱形
または
平面
K1
K2

図17-5　ガウス曲面

の定理」です。

今度は、面によって形成される多角形を描いてください。三角すい（四面体）とか四角柱とか何でもいいですよ。ここではわかりやすいので三角すいを用いましょうか。そして、点、辺、面の数をそれぞれ数えます。点は４つ、辺は６本、面の数は四面体ですので４つ。ガウス＝ボンネの定理は、このような閉じた多角形の図形では必ず、

点－辺＋面＝２

になるというものになります（図17-6）。

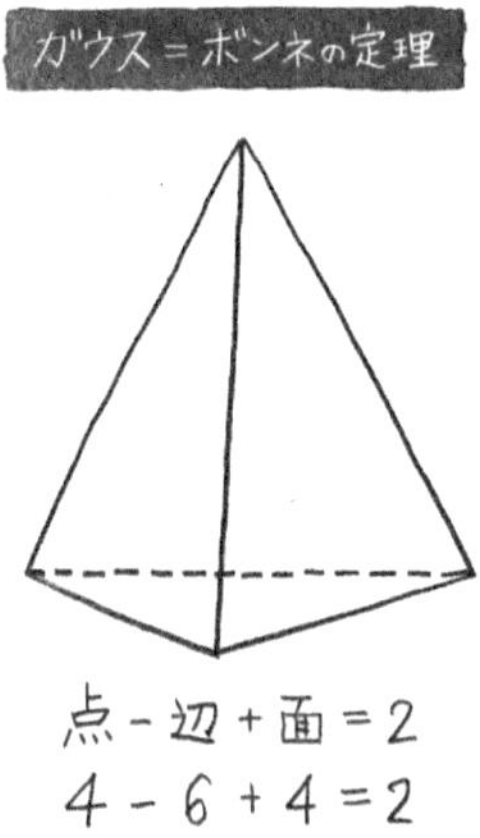

図17-6　ガウス＝ボンネの定理

それにしても、すごく不思議ではありませんか？　どんな図形でもこうなるなんて。これはＣＧでの３次元モデルの扱いにも使われています。この背景にも曲率があって、多角形の角を少し滑らかにして全表面のガウス曲率を足し合わせると…これも２にな

ります。ぜひ恋人と二人でサッカーボールを見ながら数えてみてください。きっと感動するでしょう。

曲率は、ものづくりの現場ではまだまだ未開拓の分野。ぜひ新商品開発などに生かしてほしいですね。

SEASON Ⅱ

第6章　仕事で使える代数（回転）

■第18時限

実社会にたくさんある「回る物」 回転を緻密に表現してみよう

代数を超わかりやすく解説

数学を大まかに分類すると、幾何、代数、解析の3分野に分けられます。第17時限までの3回分の講義では、幾何の分野の中でも特にものづくりの現場で使える「曲率」について解説してきました。第18時限からとりあげるのは代数の分野です。ここでもまた、ものづくりの現場で存分にお使いいただけるテーマをとりあげてまいります。

――あの、いきなり意見を言ってもいいですか？ 高校の授業では、幾何はビジュアルでわかるのでおもしろいけど、代数はつまらないという印象があって……。

そうですね。実は私も3分野の中でもっとも嫌いなのが代数でした。抽象的で役立ちそうもないし、何せ眠くなります。ですが、私はそんな代数を、ここであえてとりあげたいと思います。多くの人が避けてとおりたい分野にこそ、現実社会の課題をブレイクスルーする糸口があると思うからです。

本題はここからです。実はそんな代数にも、現実社会できちんと使われているものがあります。それが「回転」です。ものづくりの現場には、回転する物がたくさんありますよね。歯車、シャフト、ボールベアリング……。機械の設計に欠かせない物ばかりです。この回転を代数を用いて精密に表現できるようになると、いろいろなブレイクスルーが起こります。

では、代数とは何でしょう。その概念を、世界一わかりやすく解説しましょう。代数とは、ざっくり言えば「数の代わり」。1、2、3の数の代わりに、a、b、cのアルファベットなどを使います。昔の日本では、甲、乙、丙を使っていました。

記号と操作のルールを決定

数の代わりになれば何でもいいのです。たとえば、リンゴとか、ニコちゃんマークなんていうのもアリ。でも、代数はこれだけではありません。数の代わりに記号を導入したら、これを$a \times b$なんて式にしたいですよね。この掛け算の部分のことを「操作」、専門的には「演算」といいます。操作を表すには、必ずしも×とか＋でなくてもかまいません。たとえば、⊗なんていう操作を作ってしまいましょう。

図18-1を見ながら進めてください。

ここで数の代わりに導入するのは……たとえば笑顔のマークと悲しい顔のマークにしましょうか。先ほどの⊗は、この顔マーク用の掛け算だとします。そうすると、これは「笑っている人と悲しんでいる人とで慰め合って、普通に戻っちゃう」という感じです。

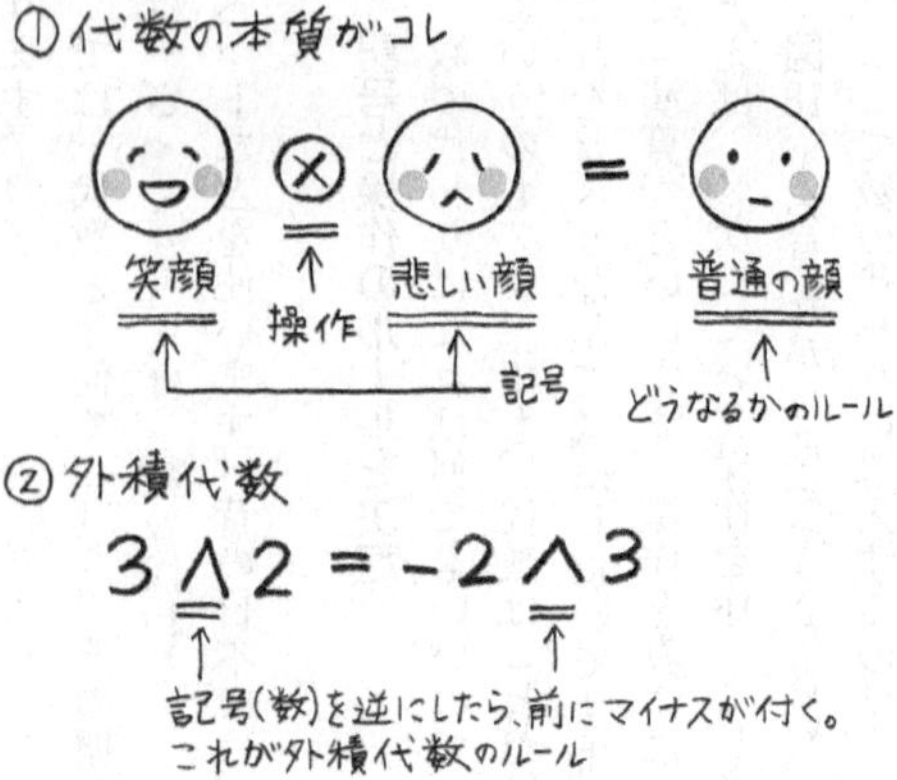

図18-1　代数の本質と外積代数

代数は、こんなふうに自由に作っていいのです。数学は自由なのです！

数をいっぱい並べたものでもいいです。1、2、3などと並べて、カッコでくくり、縦や横に1列に並べたものをベクトルといいます。縦にn個、横にm個と2次元的に並べたものは「行列」です（図18-2）。第13時限でも出てきましたね。2次元の平面だけではなく、一般に立体的に数や記号を並べたものを「テンソル」といいます。

記号と操作を導入して、その結果どうなるかのルールを決める、これが代数の本質です。もちろん、矛盾するような記号や操作の導入ではダメですが、うまく使いこなせるようになると、とても強い武器になります。

ちょっと真面目な例では、外積（ベクト

ルの積）があります。

図18−1の②をごらんください。

普通の掛け算なら、3×2と2×3は等しい。でも、外積では順番を逆にすると、式の前にマイナスが付きます。この「逆にしたらマイナスが付きますよ」という操作を表すのに、たとえば山のような「∧」を使う。こういった記号や操作を導入したものも立派な代数の1つで「外積代数」といいます。

代数を導入すると何がいいのでしょうか。たとえば組み込みソフトのプログラミングで同じことを表現するのに、何十行もかかっていたものを数行で済ませられます。回転の計算も、従来の労力の$\frac{1}{100}$くらいでできます。いわば数学の経済学なんです。

例

$$\begin{pmatrix} 1 & 3 & 5 \\ 2 & -1 & 3 \end{pmatrix}$$

図18-2　行列

座標上の点を回転させる

さあ、ではいよいよ第18時限のテーマ「回転」に進みましょう。回転というのは、バレエのターンのようにクルリと回る感じのことですね。

みなさんもぜひ、この回るイメージを持ってみてください。実際に自分でもぜひ回転してみるといいですよ。これから3回の講

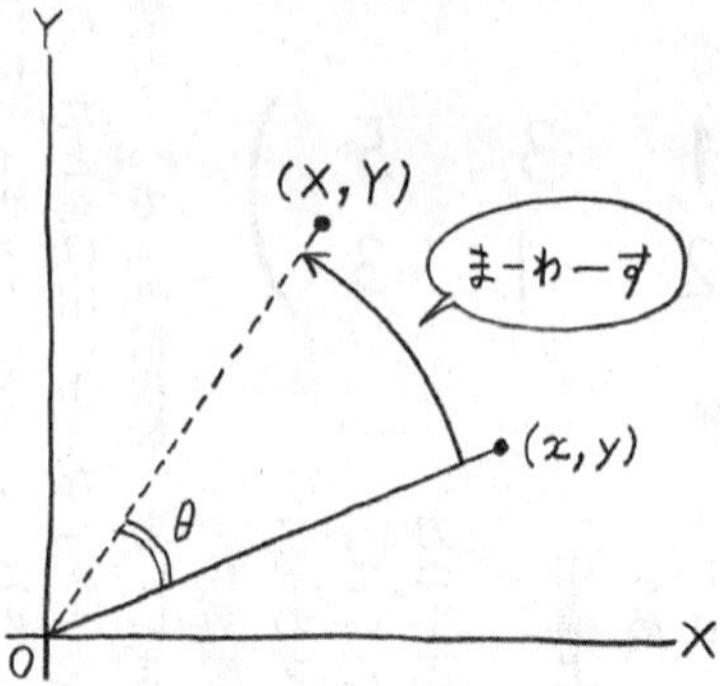

図18-3　まーわーす

義で回転を表す方法を学んでいきますが、後でこの感覚が非常に大切になってきます。最後は、本書でおなじみとなってきました「西成秘伝のスーパー公式」を伝授します。本当にスゴイもので、神様に触れたような感激がありますのでお楽しみに！

　ではまず、ノートにX軸とY軸の座標を描いてみてください。

　そして、適当なところに点を打ちます。座標の原点Oを中心として、この点を少しだけ反時計回りに回してみましょう（図18-3）。

回す前の位置を
…(x,y)

回した後の位置を
…大文字の(X,Y)

として、回した角度をθとします。たとえば、自動車のタイヤだったとしたら、タイヤをθだけ回す前と後のタイヤの状態を表していますよね。では、自動車を動かした後のタイヤの位置(X,Y)を前の位置(x,y)で表すにはどうしたらいいでしょうか。これが最初の問題です。

さっそく、代数を用いて表してみましょう。思い出してください。代数では、記号と操作を導入して操作をした後、どうなるかのルールを決めるのでした。ここで突然ですが英語の問題です。回すを英語で言うと？

――Rotation!

すばらしい。

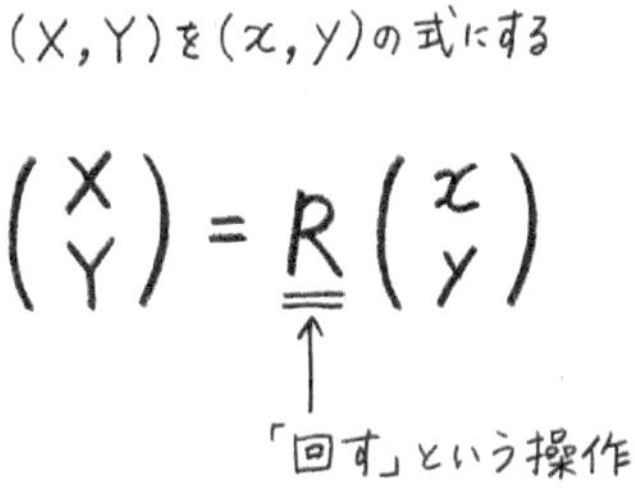
(X, Y)を(x, y)の式にする
$\begin{pmatrix} X \\ Y \end{pmatrix} = \underline{\underline{R}} \begin{pmatrix} x \\ y \end{pmatrix}$
「回す」という操作

図18-4　回すという操作を式にすると

図18－4の式を見てください。先ほど説明したとおり、(x,y)は1列なのでベクトルになります。ベクトルは、横1列で書いてもいいし縦1列で書いてもいい。私は個人的に縦が好きなのでこうします。それで、この前に「回す」という操作を導入します。これを「R」で表すことにします。はい、これで立派な代数ができてしまいました。でも、ちょっと待ってください。これだとθの情報が入っていません。「何度回した」という情報がなければ、タイヤの位置がどこに行ったのかを特定できません

よね。ここでまた問題です。Rを求めてみましょう。

「sc－sc」だけ覚えればOK

では覚悟を決めてRを導いていきます。まずはXとYを別々に求めますが、ここでこのコラムで何度かお世話になっている三角関数にご登場いただきます。この座標の中に三角形が見えますよね？（図18－5）

(x,y)の点とOをつないだ線と、X軸を辺とする直角三角形が、グルッと回って左上に移動します。回った角度がθです。今から私がここに、ヒントとなる補助線を引いていきます（図18－5の破線）。

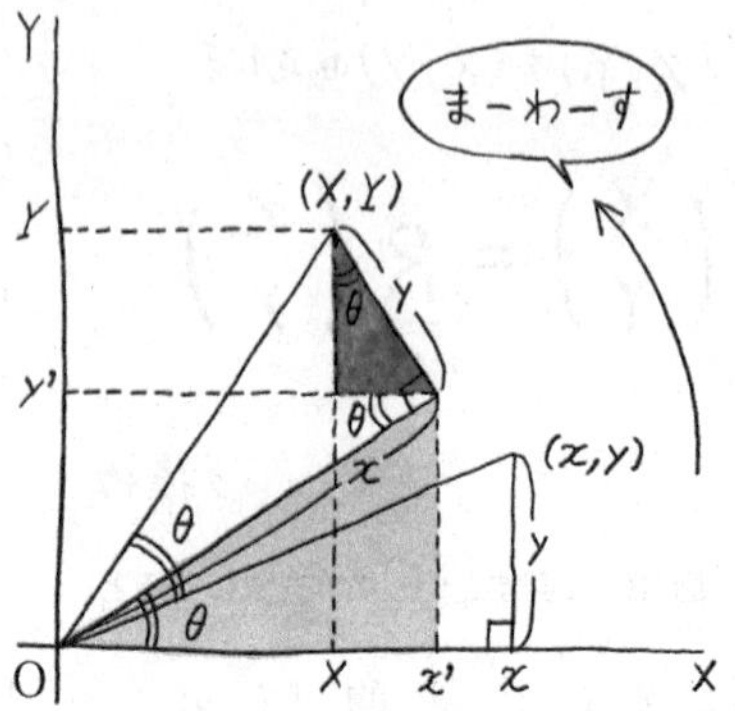

図18-5　直角三角形を回すと

補助線を引くと、もっとたくさんの三角形が見えてきます。xとXの間に縦に引いた補助線と、X軸が交わる点をx'としましょうか。このx'からX軸上のXからx'までの長さを引けば、Xの値が求まりますよね。

まず、薄く塗りつぶした直角三角形に注目してください。斜めの辺の長さはxですから、

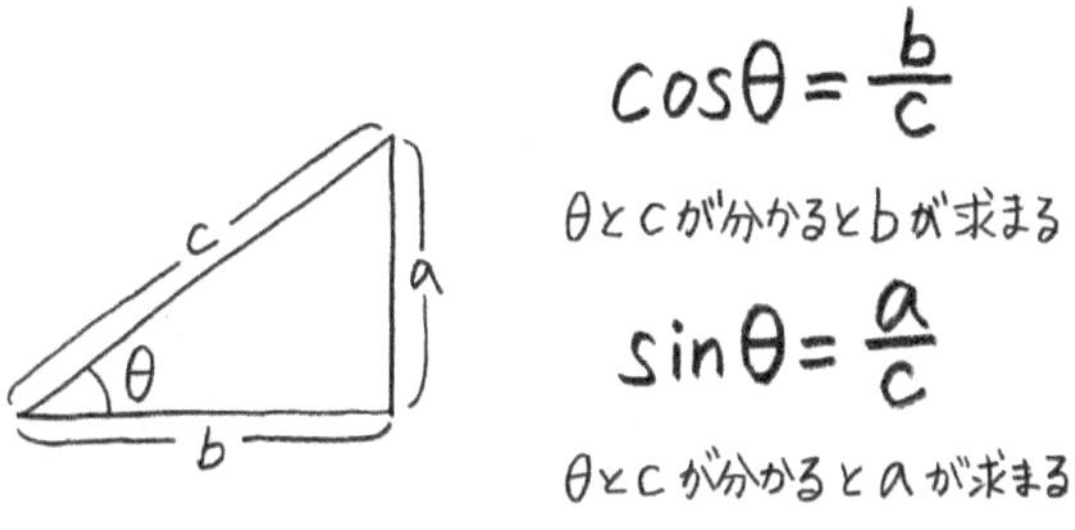
c
a
θ
b
cosθ = b/c
θとcが分かるとbが求まる
sinθ = a/c
θとcが分かるとaが求まる

図18-6　三角関数のおさらい

x'の値は

$$x\cos\theta$$

になります（図18-6の「三角関数のおさらい」を参照）。

次に濃い色で塗りつぶした三角形に着目すると、これも直角三角形になっています。このてっぺんの角度がθなのはわかりますか？　三角形の右下の角度は、90°からθを引いたものです。ということは、直角三角形のもう1つの角度もθになります。ですので、

Xからx'までの距離は$y\sin\theta$で

$$X = x\cos\theta - y\sin\theta$$

Yも同様に考えて

$$Y = x\sin\theta + y\cos\theta$$

と求まります。ここまでは大丈夫でしょうか。

$$X = x\cos\theta - y\sin\theta$$
$$Y = x\sin\theta + y\cos\theta$$

↓ (x, y)を抜き出す

$$\begin{pmatrix} X \\ Y \end{pmatrix} = \underbrace{\begin{pmatrix} \cos\theta & -\sin\theta \\ \sin\theta & \cos\theta \end{pmatrix}}_{\text{これがR!}} \begin{pmatrix} x \\ y \end{pmatrix}$$

図18-7　Rを導く

今、導いた式を縦に並べて書いて、さらにそれぞれの式からxとyを右側にごっそり抜き出します。図18-7に示した式を見てください。

すると、

上の段に$\cos\theta$、$-\sin\theta$
下の段に$\sin\theta$、$\cos\theta$

が残ります。さっきのRの式と見比べてください。Rはこの4つから成る行列であることがわかります。

つまり、この行列を(x,y)に掛ければ一発で回転後の状態がわかるのです。すばらしいですね。

これは、基本ながら現場でとても使えます。ぜひ、

この行列を丸暗記していろいろな場面で使っていただきたいですね。覚え方はいろいろあるのですが、私は左下から時計回りに

sc－sc

（エス・シー・マイナス・エス・シー）

と暗記しています。これをベースに、第19時限からはもっと複雑な回転を見ていくことにしましょう。

■第19時限

西成教授も愛した数式　飛行機設計にも使える「神様の公式」とは？

電気回路の計算に応用できる

みなさんは第18時限で、代数の本質と回転の基礎をバッチリ押さえました。代数の本質は、「数の代わりになる記号と操作を導入して、その結果どうなるかのルールを決める」ことでしたね。「回転」という操作をR、座標上にある点の位置を(x,y)とすると、回転後の位置(X,Y)は、$R(x,y)$と表せるのでした。

三角関数を使ってこのRを求めると、4つの記号が縦と横に2つずつ並んだ「回転行列」が得られました。覚えていますか。

左下から時計回りに

sc－sc

（エス・シー・マイナス・エス・シー）と覚えるのですから…

上の行が
$\cos\theta$と$-\sin\theta$、
下の行が
$\sin\theta$と$\cos\theta$

の行列になります。「ものづくりの現場でとても使えるので丸暗記を」とお話ししました。sc−sc、sc−sc…。もう忘れませんね。

第19時限は、待ちに待った応用編です。平面の世界から3次元の世界へ飛び出します。これを理解すれば、世の中のあらゆる回転を精密に表現できるようになってしまいます。すぐにその説明に入りたいところですが、まずご紹介したい、いえ、感動をぜひとも共有したい「神様の公式」について話さないわけにはいきません！　電気回路の波形計算にも応用されていて、非常に便利なものです。

実と虚の世界で回す

回転を表現する方法は、

sc−sc

を用いる方法以外にもあります。本書で何度も登場しておなじみとなった、アノ公式を使います。

sin、cosといえば?

——オイラーの公式。

そう、すばらしいっ！　ありがとうございます。

オイラーの公式（図19-1）は、第8時限で「愛（i）が世界に平和をもたらす式」として登場しました。指数関数e^xは、微分してもe^xになる。虚数iは、$i\times i$で-1になります。このiを導入することで、今まで関係がないと思われた指数関数と三角関数の間に、

$$e^{i\theta}=\cos\theta+i\sin\theta$$

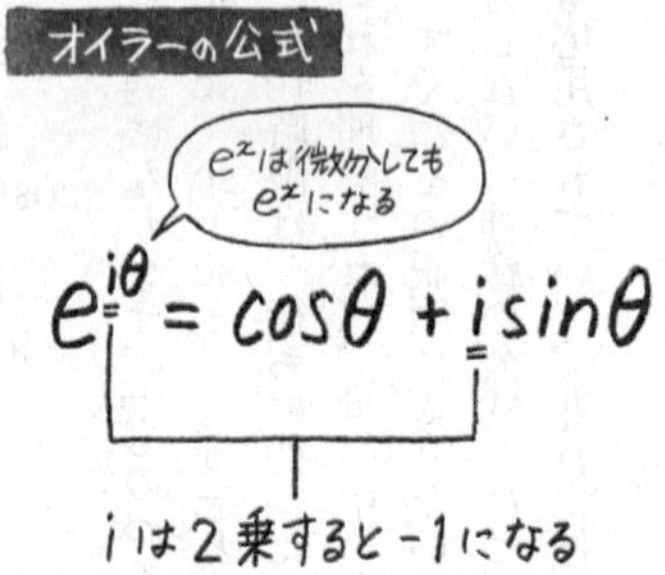

図19-1　回転と深くかかわる、オイラーの公式

という等式が成り立つのでした。この式は回転とも深い関わりがあります。これを知っているのと知らないのとでは、みなさんの技術レベルはかなり変わってくるでしょう。特に電気回路の分野では、これをうまく使えばコイルとコンデンサの波形のズレをかんたんに計算できてしまいます。

まずX軸を実（実数）の軸、Y軸を虚（虚数）の軸とする座標を描いてみましょう。図19-2をごらんください。

X軸とY軸の座標で(x,y)と表現していた点の位置は、この座標では

$$(x+iy)$$

と書いて表します。

――あくまで表現方法が違うということですか？

そう。表現方法が違うだけで、両者はまったく同じことを言っています。「代数の本質」で学んだように、iも記号だと考えてください。実の世界と虚の世界が共存するこの座標

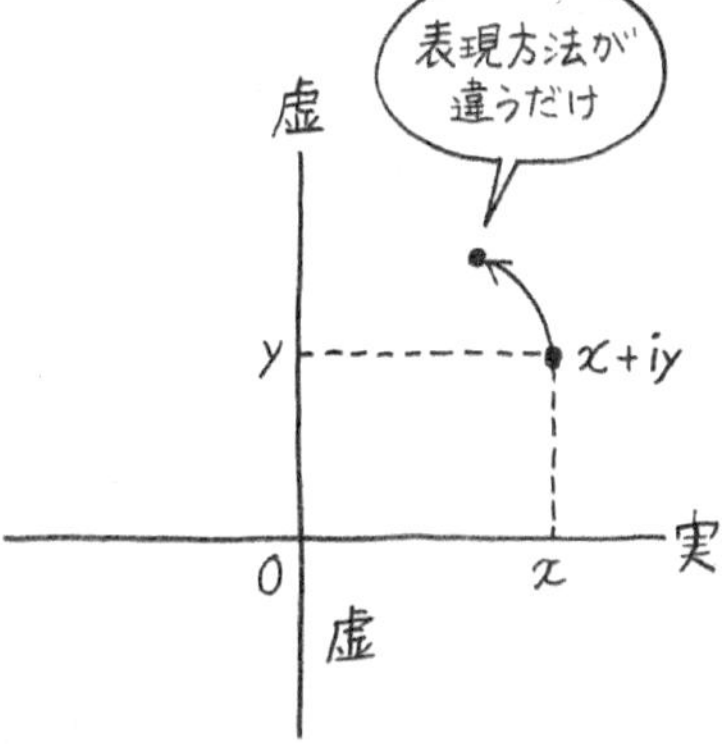

図19-2　複素平面で回すと

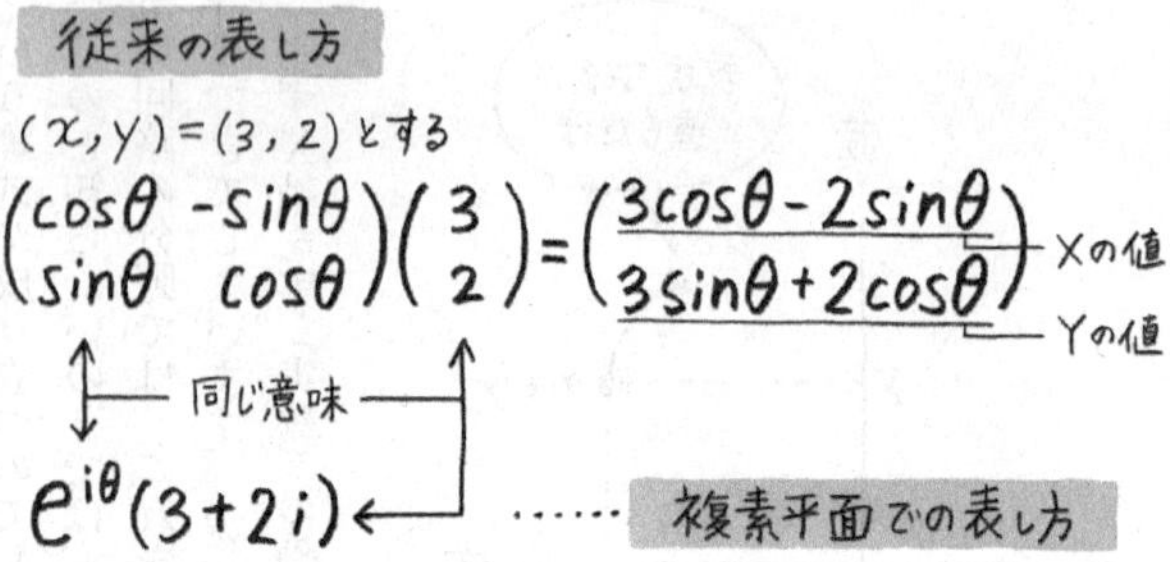

$$\begin{pmatrix}\cos\theta & -\sin\theta \\ \sin\theta & \cos\theta\end{pmatrix}\begin{pmatrix}3 \\ 2\end{pmatrix}=\begin{pmatrix}3\cos\theta-2\sin\theta \\ 3\sin\theta+2\cos\theta\end{pmatrix}$$

$$e^{i\theta}(3+2i)$$

図19-3　二つの表現方法

では、虚の側の記号の前にiを書いて、実の側の記号と足し算をすれば座標上の位置を表現できるというルールを決めます。iが2つ集まる（2乗になる）と−1になるというのも、この世界のルールでしたよね。このような座標を、実平面に対して「複素平面」といいます。

では、いきなり結論を言います。ある点(x,y)の位置が実平面では(3,2)だったとしましょう。この点をθだけ回すと、回転後の位置(X,Y)は回転行列と(3,2)の掛け算ですから、

Xが$3\cos\theta-2\sin\theta$
Yが$3\sin\theta+2\cos\theta$

となります。これが複素平面の世界では、図19-3の

ようになります。

隣を向けば愛

$(3,2)$は、複素平面では$(3+2i)$と書けるのでしたよね。これをθだけ回すとどうなるでしょうか。なんと、$e^{i\theta}$を掛けるだけです。たったこれだけで、回転行列を掛けたのと同じ結果を得られます。ココ、感動するところです！（笑）実平面では仰々しかった式が、ただの掛け算になってしまうのです。私は高校3年生でこの公式に出合って涙が出ました。「なんて美しいんだ！」と。この美しさについてはもう少し解説しますが、まずはこの2つの式が本当に同じかどうかを見ていきましょう。

図19-4を見ながら読んでください。

オイラーの公式から、$e^{i\theta}$は

$$(\cos\theta+i\sin\theta)$$

に置き換えられます。これと$(3+2i)$を掛けると、図19-4の①式となります。この4つのうち、iが入っているものとそうでないものに分けると、図19-4の②式になります。つまり、

（オイラーの公式より）

$$X+iY=e^{i\theta}(3+2i)=(\cos\theta+i\sin\theta)(3+2i)$$

$$=3\cos\theta+2i\cos\theta+3i\sin\theta-2\sin\theta \quad \cdots①$$

$$=\underline{\underline{(3\cos\theta-2\sin\theta)}}+i\underline{\underline{(2\cos\theta+3\sin\theta)}} \quad \cdots②$$

↑実(X)の解　　↑虚(Y)の解

図19-4　オイラーの公式で導かれた値は回転行列の掛け算から導れた値と等しい！

実(X)の世界の答えが

$3\cos\theta-2\sin\theta$

虚(Y)が

$3\sin\theta+2\cos\theta$

と導けます。先ほど、我々が出した答えと同じではありませんか。

「おぉ～」と思いませんか？

――僕はこれを習ったとき、「こんなうまい話があるのか」と、不思議というか、腑に落ちなくて…。

そうですね、わかります。ものすごく不思議です。私もいまだに、驚きと共に見ています。神秘的なこの式の中で、さまざまな公式が矛盾なく存在しているのです。オイラーさん自身、これを見つけたときは相当感動したと思うのです。彼は生前、こう言っていたそうです。「複素平面上の点に$e^{i\theta}$を掛け算するということは、θだけ回すこと」。そして「$e^{i\pi}=-1$が理解できる人はすばらしい」とも。

　この$e^{i\pi}$の式は、小川洋子さんの小説『博士の愛した数式』にも登場しました。もうみなさんは今、この式をきちんと理解できるはずです。$e^{i\pi}$は$e^{i\pi}\times 1$と置き直せて、πは180°のことですから、1を180°回すと…−1になります（図19-5）。

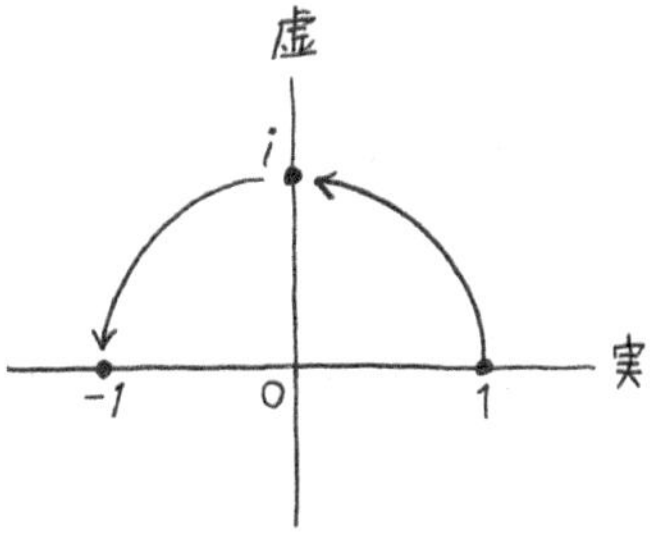

図19-5　「虚数を掛ける」とは回転させること

――では、$\pi/2$で90°回すとiになるのですか？

そのとおり。1を90°回すと虚の軸上に乗りますから、iになります。90°首を回して隣の人の方を向くと、愛（i）が生まれるかもしれません（笑）。隣を向くと愛。いいですね〜。良い質問をありがとう。

自分の体をロール／ピッチ／ヨー

いったん、まとめます。回転を表現するには、座標(x,y)にR（回転行列）を掛けてもいい。あるいは便宜上、複素数を導入して座標を足し算に置き換えて、$e^{i\theta}$を掛けてもいい。ここまではよろしいでしょうか。

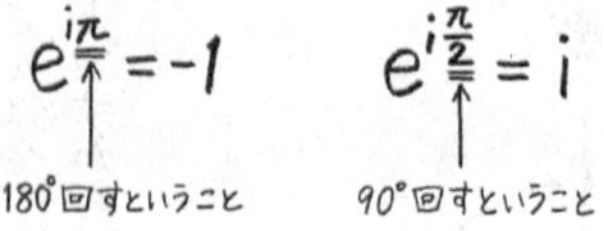

図19-6

では、いよいよ3次元の世界へ入っていきましょう。今まで私たちは、平面にはいつくばって物を回していました。でも、世の中の「回る物」は、必ずしも平面上を回っているわけではありません。たとえば人工衛星は、3次元空間であらゆる方向にぐるぐるぐるぐる回っています。この3次元の回転を表現できなければ、回転を制したことにはなりません。これを今から学んでいきますが、次の第20時限に3次元の回転をもっともかんたんに表現する「究極の技」を伝授します。楽しみにしていてくださいね。

実は私、これまで強調してきませんでしたが、航空宇宙工学科を卒業しているんです。大学には、ゼロ戦を設計した方の弟子などすばらしい先生方がいらっしゃいました。その先生方に教わったのが、「体で覚える」方法です。

平面での回転は1軸ですが、3次元空間には3つの軸があります。この3軸の回転をきちんと理解して計算できないと、たとえば飛行機を飛ばすことはできません。そこで、3軸の動きを自分の体にたたき込むわけです。

まず、左手を自分の前方に出して、右手は右真横に突き出します。そして、ここからが大事。「自分の体は飛行機だ」と信じ込みます。

3軸にはそれぞれ名前があります。前に出した左手を軸とする回転は「ロール」。飛行機の胴体がねじのように回転する動きになります。真横に出した右手を軸にした回転が「ピッチ」。飛行機でいうと、頭を上げたり下げたりする動きになります。そして、自分自身の胴体を軸とした回転は「ヨー」。これは、飛行機の頭を右や左に振り向ける動作です。3次元空間をよくX、Y、Z軸の座標で表現しますが、それぞれの軸回りに回転がある。今までの平面の回転では、Z軸でしか回していなかったんですね。

では、それぞれの軸の動きを式で表してみましょう。座標は(x,y,z)で3つありますから、行列は横に3つ、縦に3つで9つの固まりになります。

3つの回転を掛け算する

この9つの行列でヨー（Z軸回り）を表すにはどうすればいいのでしょうか。行列の掛け算では、

$$(x,y,z)$$

を一番上の行に掛けて、次に2行目、3行目に掛けていくことで回転後の位置

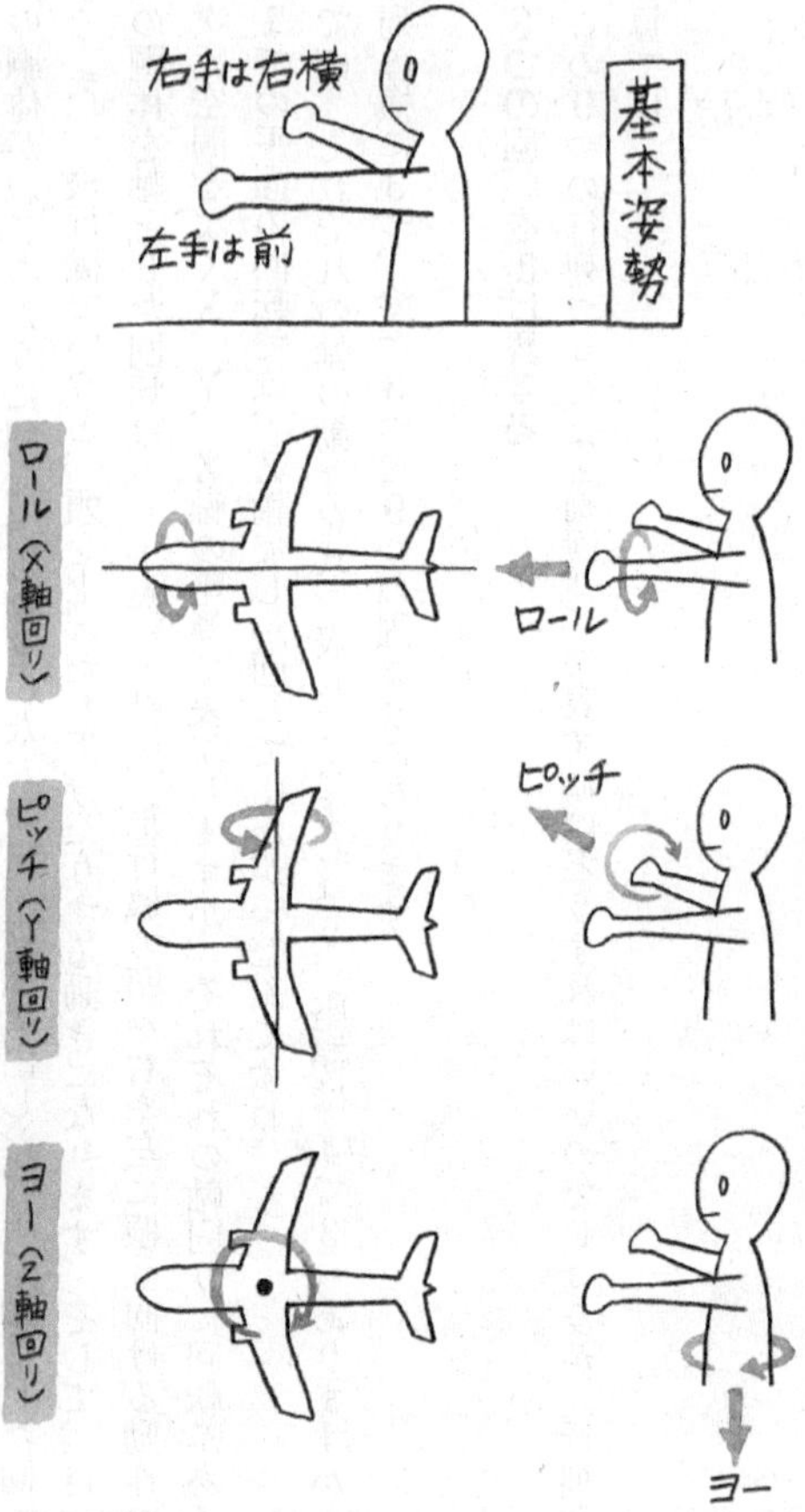

図19-7　ロール／ピッチ／ヨー

(X,Y,Z)

を求めます。Z軸上のみで回転させるのでxとyの位置は変わりますが、zの位置は変わりません。先ほども言ったように平面で動かしているのと同じですから。ということは…。

図19-8を見てください。Xの位置を表す上の行の一番右（zの変化）は0。同じくYの位置を表す2行目の一番右も0。Zの位置を表す3行目は、元の場所から変化がないので、左から（0　0　1）となります。そして、残った空白に当てはまるものは？　もうおわかりですよね。

sc−sc

の行列になります。

ロール（X軸回り）も同じように求めていきます（図19-8の式②）。Xは、xの位置から変化なしなので（1　0　0）。2行目と3行目の一番左は0。そして、空白部分にsc−scを入れます。

ちょっと注意が必要なのがピッチ（Y軸回り）です（図19-8の式③）。回転には正の方向と負の方向があって、正の方向がどっちかを知るには、右手を前に出して「イエイ」と親

① ヨー（Z軸回り）の表し方

$$\begin{pmatrix} \cos\theta & -\sin\theta & 0 \\ \sin\theta & \cos\theta & 0 \\ 0 & 0 & 1 \end{pmatrix}\begin{pmatrix} x \\ y \\ z \end{pmatrix}=\begin{pmatrix} X \\ Y \\ Z \end{pmatrix}$$

② ロール（X軸回り）の表し方

$$\begin{pmatrix} 1 & 0 & 0 \\ 0 & \cos\theta & -\sin\theta \\ 0 & \sin\theta & \cos\theta \end{pmatrix}\begin{pmatrix} x \\ y \\ z \end{pmatrix}=\begin{pmatrix} X \\ Y \\ Z \end{pmatrix}$$

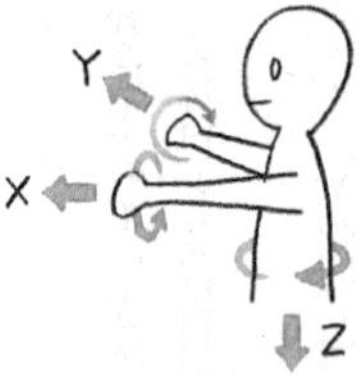

③ ピッチ（Y軸回り）の表し方

マイナスの位置に注意!

$$\begin{pmatrix} \cos\theta & 0 & \sin\theta \\ 0 & 1 & 0 \\ -\sin\theta & 0 & \cos\theta \end{pmatrix}\begin{pmatrix} x \\ y \\ z \end{pmatrix}=\begin{pmatrix} X \\ Y \\ Z \end{pmatrix}$$

図19-8　それぞれの軸回りの表し方

指を突き出します。左手を出しちゃダメですよ。必ず右手で「イエイ」とやって、親指以外の指の向く方向が正です。ここからがややこしいのですが、まずX軸とY軸を回さずにZ軸を正の向きに回すときは、X軸がY軸の方に向かって動いていきます。しかし、Z軸とX軸を回さずにY軸を正の向きに回すと、Z軸がX軸の方に向かって動くことになり、これだけ回転の向きが逆になりますね。

ピッチの行列は、yの位置が変わらないので中央が1、その上下左右が0となり、残りの空白をsc－scで埋めます。でも、Y軸回りは逆の向きなので、回転行列の中のθをすべて$-\theta$に置き換えます。すると、sinの符号が変わり、cosの符号はそのままですから、このようになります。まぁ、細かいことは気にしないで、とにかく「右ねじりを正」とだけ覚えておけばOKです。

ここでとても大切な定理があります。「3次元空間におけるあらゆる回転は、ロール、ピッチ、ヨーの掛け算で表せる」。つまりみなさんは、晴れて3次元空間で物を自由に回せるようになったわけです。

第20時限は回転のクライマックス！　クオータニオンなんて言葉が登場します！

■第20時限　四元数を知ろう！　ロボットや人工衛星の制御に使える

回転行列か$e^{i\theta}$を掛ける

第18時限から、代数の分野でも現実社会でバッチリ使える「回転」についてとりあげています。第20時限は、いく度となく予告してきた「西成秘伝のスーパー公式」を大公開しますよ。

しつこいかもしれませんが、ここで再び回転の基礎知識をサササッとおさらいしておきましょう。

ある座標上に点(x,y)を取り、原点Oを中心として反時計回りにθだけ回します。回転後の位置を(X,Y)とすると(x,y)に回転行列を掛ければ(X,Y)を求められました。では回転行列というのは？

——sc－sc（エス・シー・マイナス・エス・シー）

正解！

左下から時計回りにsc－scと覚えて、

上の行が
$\cos\theta$と$-\sin\theta$
下が
$\sin\theta$と$\cos\theta$

の行列になります。

そして、行列を使わずに回転後の位置を算出できる「神業」が、複素平面を用いる方法でした。複素平面の世界では、点の位置を

$$(x+iy)$$

と表します（iは虚数単位）。これに$e^{i\theta}$を掛け算しても回転後の位置が求められます。

そして3次元の回転を学んだわけですが、その復習もかねてジャイロ効果についてワンポイント解説します！

ジャイロ効果は自転車で覚える

3次元の回転には3つの軸があります。第19時限で、その3軸の回転を自分自身の体で覚える方法を伝授しましたよね。左手を前方に出して、右手を真横に突き出します。左手を軸とする回転がロール（X軸回り）、右手がピッチ（Y軸回り）、そして胴体がヨー（Z軸

回り）でした。

こうして自分の体で覚える方法は、ジャイロ効果を理解するときも大いに役立ちます。みなさん、ジャイロ効果という言葉、1度は聞いたことがありますよね。物理の世界では「歳異運動」ともいいますが、これをきちんと理解して説明できる人は結構少ないのです。でも、自分が自転車に乗っているのを想像すればかんたんに理解できます。

図20－1を見てください。

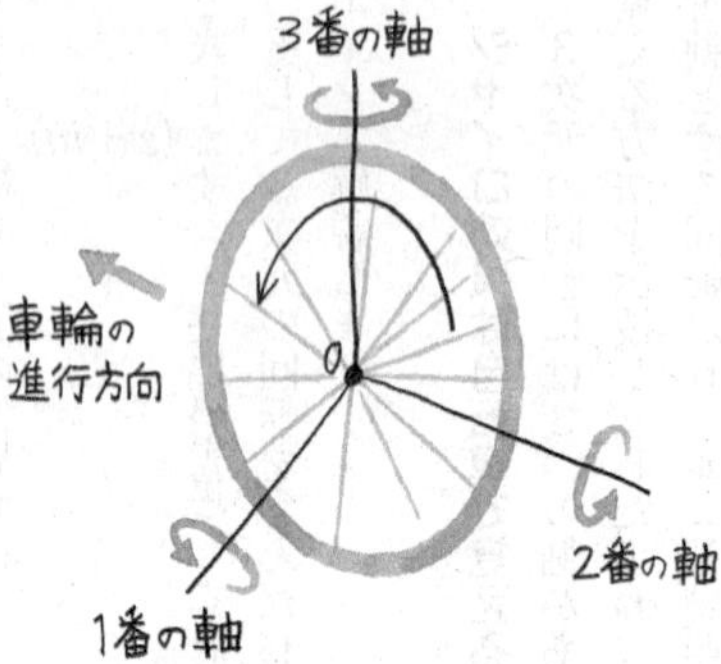

図20-1　自転車で表すと…

3軸にそれぞれ1、2、3と番号を振っておきます。そして、原点Oの所にみなさんが乗っていると考えます。る自転車の前輪の回転軸がくっついていると考えます。前輪の動きは、この座標では1番の回転です。

では、みなさんが左に曲がろうとするとき、体をどちらに倒すか想像してみてください。

このときの体の回転は2番の回転ですよね。ここまでは大丈夫ですか？

ハンドルを無理に左へ向けなくても、スムーズに左へ向きを変えていきます。すると、車輪はどうなるでしょうか。つまりジャイロ効果とは、1番の回転をしている物に2番の動きを加えると3番の回転が生まれることを

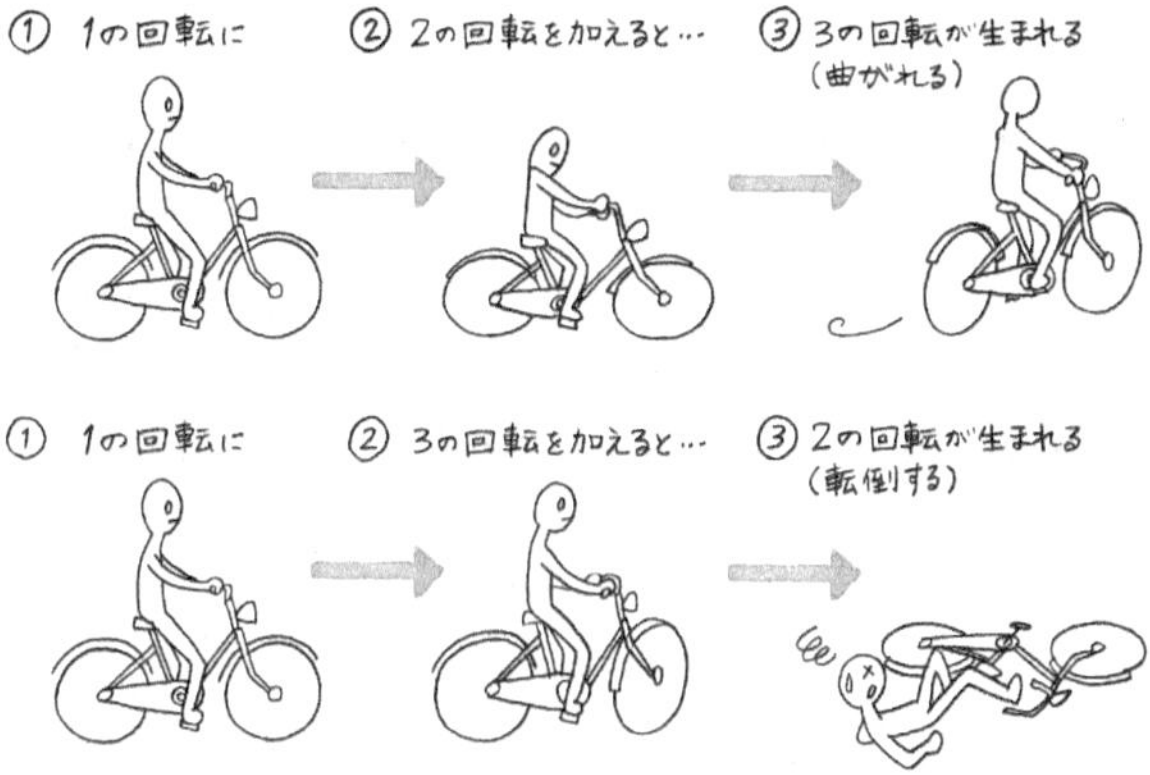

図20-2　なぜ自転車で転ぶ？

いいます。

——1番の回転をしている物に3番の動きを加えると、2番の回転が生まれるんですか？

そのとおりです。自転車に乗って走っているとき、曲がろうとして急激にハンドルを切ったりすると、自転車は転倒してしまいます。

もったいぶるのはこのくらいにして、スーパー公式の解説に入ります。3次元空間において、任意の軸回りの回転を一発で表現する方法です。

行列を使わず足し算や掛け算で

ここで、第19時限で勉強したことをちょっと思い出してください。ロール（X軸回り）、ピッチ（Y軸回り）、ヨー（Z軸回り）はそれぞれ9つの回転行列で表せて、3次元空間におけるあらゆる回転は、ロール、ピッチ、ヨ

$$i \times i = -1 \quad i \times j = -j \times i \quad i \times j = k$$

$$j \times j = -1 \quad j \times k = -k \times j \quad j \times k = i$$

$$k \times k = -1 \quad k \times i = -i \times k \quad k \times i = j$$

図20-3　四元数（クオータニオン）の規則

ーの掛け算で表せました。「あらゆる回転」というのは、X軸、Y軸、Z軸に限定されない、あらゆる軸の回転のこと。これを「任意の軸回りの回転」といいます。

でもコレ、実際に計算するとなると、ものすごく大変なんです。そこで、2次元の回転で登場した

$$e^{i\theta}(x+iy)$$

のように、「足し算や掛け算だけで計算できる方法があるといいな」と思いませんか？　それこそが、これからご説明するスーパー公式なんです。

では結論を言います。「四元数」（クオータニオン）というのを使うんです。複素数ですばらしい公式を見つけたのはオイラーさんでしたが、今回はハミルトンさんです。

複素数は、実数と虚数（i）を使うので二元数ともいいます。四元数では、実数とiに加えてjとkも使い

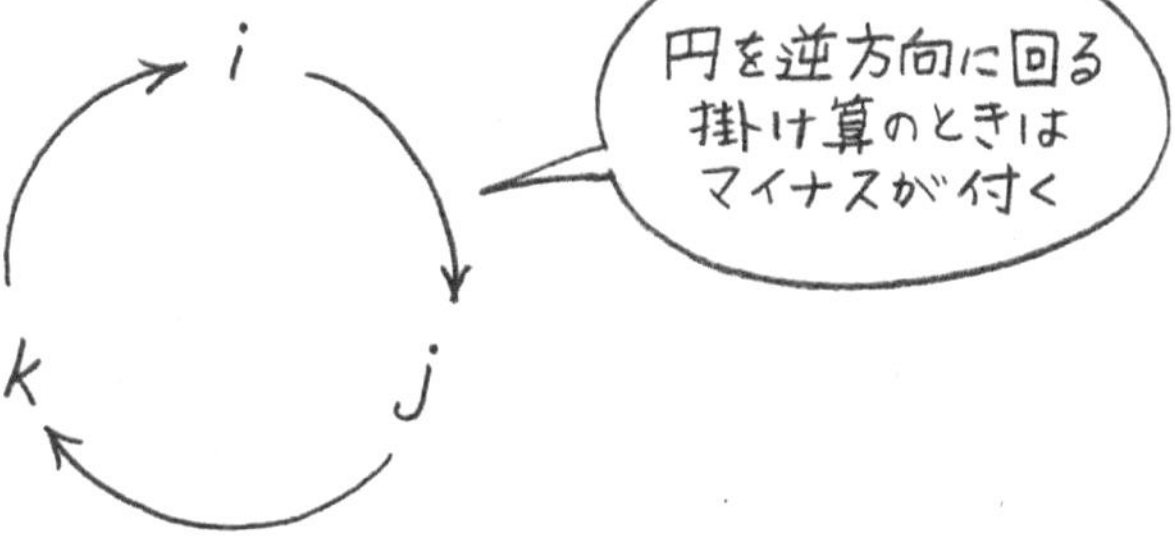
i
j
k
円を逆方向に回る
掛け算のときは
マイナスが付く

図20-4　i、k、jのループ

ます。iは、$i\times i$で-1になるのが規則。四元数のi、j、kにも、これと同じように規則があるので見ていきましょう（図20-3）。

　まず、$i\times i$は-1、$j\times j$も-1、$k\times k$も-1になります。そして、$i\times j$は$-j\times i$、$j\times k$は$-k\times j$というふうに掛け算の前と後ろを逆にすると前にマイナスが付くという決まりがあります。

　そして、最後の規則が、$i\times j$はkに、$j\times k$はiに、$k\times i$はjに化けてしまうというもの。この規則を私は、図20-4のように覚えています。

　これはハミルトンさんが必死に考えたルールなのですが、こんな決まりがある四元数を用いると、3次元空間における任意の軸上の回転を一発で表現できます。

　では、任意の軸をX軸、Y軸、Z軸の座標上に描いてみます。図20-5を見てください。

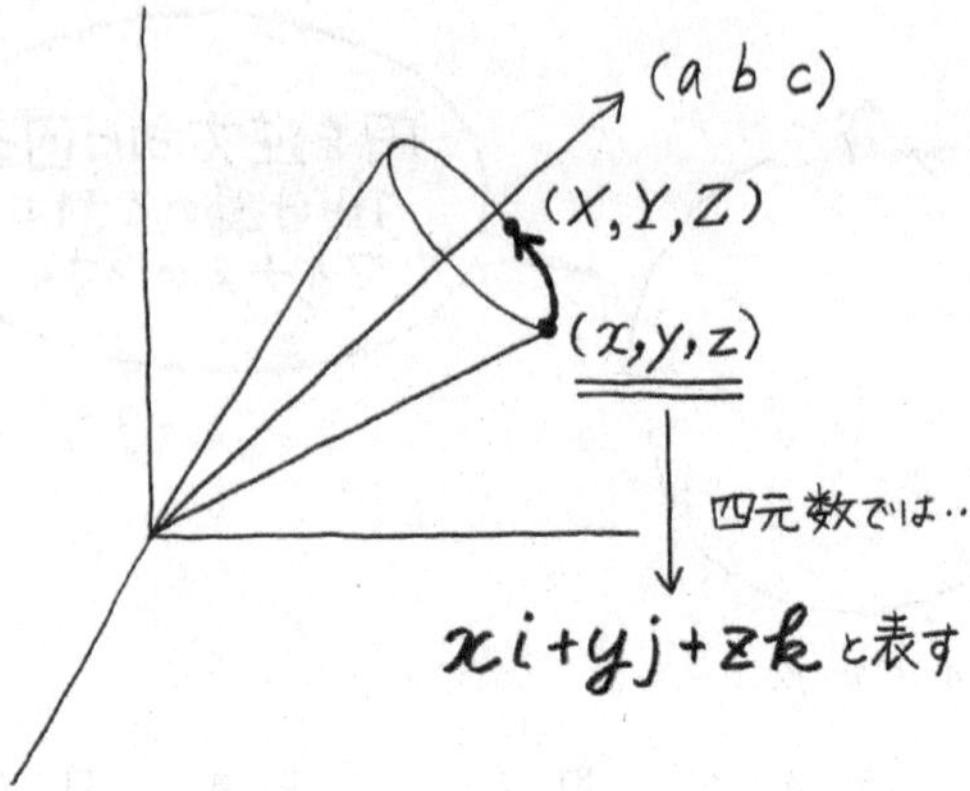

図20-5　3次元の回転を四元数で表す

q と $\bar{q}$ でサンドイッチする

$$(a,b,c)$$

という点の方向を軸として、これの周りに回転させることにしましょうか。ただし、$a^2+b^2+c^2$は1とします。$a^2+b^2+c^2=1$とするのは、計算をしやすくするためですので、あまり気にしないでください。そして、この軸で

$$(x,y,z)$$

という点をθだけ回します。

図のコーンの周りをぐるっと回すわけです。回転後の座標を

$$(X,Y,Z)$$

①「回転q」の式

$$q=\cos\frac{\theta}{2}+\left(a\sin\frac{\theta}{2}\right)i+\left(b\sin\frac{\theta}{2}\right)j+\left(c\sin\frac{\theta}{2}\right)k$$

② 3次元の回転を表す式

$$q\cdot(xi+yj+zk)\cdot\bar{q}=Xi+Yj+Zk$$

（$\bar{q}$ ↑）虚部の符号を入れ替えている

$$\bar{q}=\cos\frac{\theta}{2}-\left(a\sin\frac{\theta}{2}\right)i-\left(b\sin\frac{\theta}{2}\right)j-\left(c\sin\frac{\theta}{2}\right)k$$

図20-6　魔法の式を解く

とします。さぁ、カンのいい方はお気付きかもしれません。そう、四元数も複素数のように、座標を掛け算で表せます。表し方は、$xi+yj+zk$。複素数と違って、虚数(i,j,k)の部分だけを使用します。

次がちょっと難しいですが、非常に大事なところです。複素数で$e^{i\theta}$に相当する「回転q」という式をお教えします。図20-6の①の式です。これこそが魔法の式です。

これはもう、覚えていただくしかありません！　どうしてかを考えるより、せっかくハミルトンさんが見つけてくれたのですから、どんどん使って得をしてしまいましょう。

複素数のときは、元の点の位置である$(x+iy)$

に$e^{i\theta}$を掛けるのでしたよね。今回はちょっと違います。四元数では、元の点の位置を

$$(xi+yj+zk)$$

と表し、これをqでサンドイッチするのです（図20-6の②）。ただし、サンドイッチする〝2枚のパン〟、1枚はqのままでいいのですが、もう1枚には、qの中のi、j、kの前の符号をマイナスにした式（$\bar{q}$）を入れます。このように、虚部の符号を入れ替えることを「複素共役」といいます。

あれ、静まり返ってしまいましたが大丈夫ですか？　先ほども言いましたが、どうしてこうなるかを考えるより、このサンドイッチの式を覚えて、とにかく使ってみていただきたいのです。

コレをお教えすると、ゲームのプログラマーの方などに非常に喜ばれます。ゲームでは、物の回転をコンピュータの中で表現しなければなりません。そのとき、行列の式を打ち込むのと、この四元数の式を入れるのとでは、計算に掛かるコストがかなり違ってくるのです。

この式を知っていれば、あとは、どの軸(a,b,c)で回すのか、何度（θ）で回すのかを入れる

だけ。ゲームの中の回転を低コストで表現できるわけです。

2次元の回転を四元数で表現

最後に、冒頭のおさらいで勉強した2次元（Z軸回り）の回転を四元数で表してみましょう。これをすれば、頭の中がすっきりするはずですから。

まず、回転軸の向きを決定する

$$(a,b,c)$$

は、Z軸で回すので

$$(0,0,1)$$

となります。つまり、$a=0$、$b=0$、$c=1$になるわけです。zは変化しないので、サンドイッチの具の部分は、$xi+yj$。

これをqと$\bar{q}$でサンドイッチするわけですが、

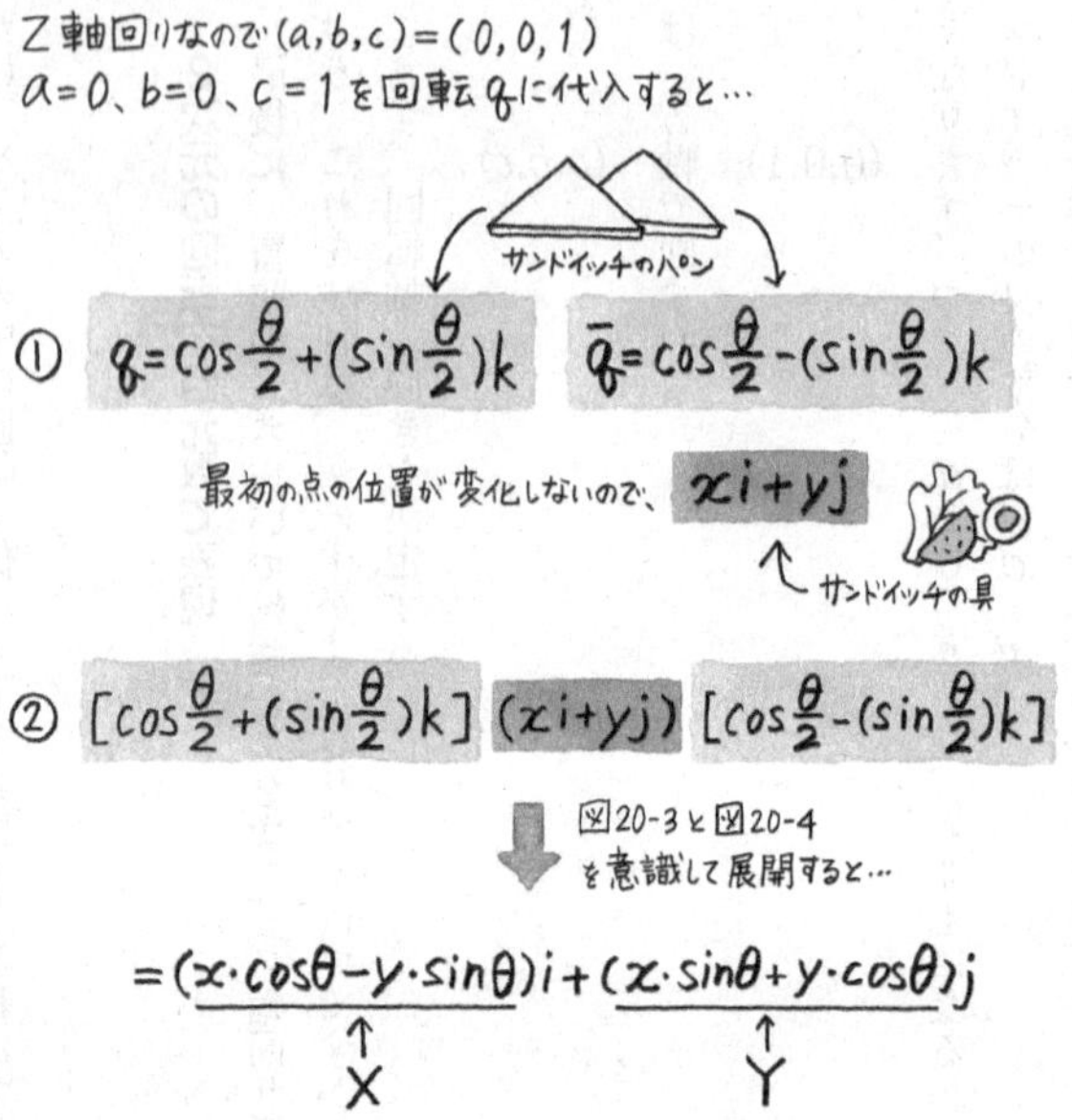
Z軸回りなので $(a,b,c)=(0,0,1)$
$a=0$、$b=0$、$c=1$ を回転 q に代入すると…
サンドイッチのパン
① $q=\cos\frac{\theta}{2}+(\sin\frac{\theta}{2})k$　$\overline{q}=\cos\frac{\theta}{2}-(\sin\frac{\theta}{2})k$
最初の点の位置が変化しないので、$xi+yj$
サンドイッチの具
② $[\cos\frac{\theta}{2}+(\sin\frac{\theta}{2})k]\,(xi+yj)\,[\cos\frac{\theta}{2}-(\sin\frac{\theta}{2})k]$
図20-3と図20-4
を意識して展開すると…
$=(x\cdot\cos\theta-y\cdot\sin\theta)i+(x\cdot\sin\theta+y\cdot\cos\theta)j$
X
Y

図20-7　サンドイッチのようにはさむ

$$q \text{ は } \cos\left(\frac{\theta}{2}\right)+\left[\sin\left(\frac{\theta}{2}\right)\right]k$$

$$\overline{q} \text{ は } \cos\left(\frac{\theta}{2}\right)-\left[\sin\left(\frac{\theta}{2}\right)\right]k$$

になります。

図20-7を見ながら進んでください。

これを展開して、先ほどの規則に従って解いていきます。

ここでは紙面のスペースが限られていますので、答えを言ってしまいましょう。計算すると、図20-7の②の式のようになります。

本来なら2つの式の間に5行分くらいの長～い式が入ります。興味のある方は、(図20-3と図20-4を意識しながら) じっくり展開して解いてみてください（P279に掲載しました)。

ジンバルロックがない

最後の式に注目！　i、jの前の式は、

iの前の式

$(x \cdot \cos\theta - y \cdot \sin\theta)$ がX

jの前の式

$(x \cdot \sin\theta + y \cdot \cos\theta)$ がY

と求まります。コレ、どこかで見たことありますよね。そう、冒頭で複素平面を用いて算出したX、Yと同じです。

いかがですか？　行列で計算するとものすご〜く大変な3次元の回転が、このサンドイッチの式で表現できてしまうのです。「四元数（クオータニオン）を使おう！」というのが、私からお伝えしたいメッセージです。

——うちでは、ロボットの制御にこれを使ってます。

そうですか、すばらしい。最近ではたしかに、ロボットの関節の制御とか、人工衛星の姿勢制御などに役立てられています。みなさんは、「ジンバルロック」って聞いたことがありますか？　映画になった小説『アポロ13』にも登場しました。X軸、Y軸、Z軸で3次元の回転を表現すると、回転後の位置が3軸のいずれかの軸上に乗ってしまったときに、回転できない方向ができてしまうことをいいます。クオータニオンなら、任意の軸での回転が表現できるため、これがないのです。

SEASON II

第7章 仕事で使える解析（テイラー展開）

■第21時限

テイラー展開はイメージで攻略　中学レベルの数学で商品開発の武器に

拒絶どころかほおずりしたくなる

ファーストシーズンでは、解析の分野から「微分方程式」や「フーリエ変換」をとりあげました。そして、第15時限から始まったセカンドシーズンでは、幾何の分野から「曲率」、代数の分野から「回転」をとりあげています。次は再び解析の分野から、伝家の宝刀ともいえる強力な武器を2つ紹介しようと思います。

その1つが…「テイラー展開」です。

$$\sum_{n=0}^{\infty}\frac{f^{(n)}(a)}{n!}(x-a)^n$$

——体が拒絶反応を示します。

いえいえ、とんでもない。今回の授業を受けた後は、拒絶どころかほおずりしたくなってしまうはずです。

本当です！　難しそうなことをわかりやすく説明するのが本書の醍醐味《だいごみ》。今回はテイラー展開、そして次回は「安定性」について解説します。この2つをうまく組み合わせると、商品開発がおもしろいようにできますよ。

ではさっそく、ワクワクのテイラー展開から学んでいきましょう。

小さな部分をズームイン

多くの大学生に嫌われがちなテイラー展開ですが、それは複雑な記号のせいで、本質が見えなくなっているからなんです。プロの我々がどうやっているかというと…中学レベルの数学に落として使っています。こうすれば、だれだって使いたい放題！　ということで、今日はこれまでに学んだすべてのことをいったん忘れて話を聞いてくださいね。

図21-1のようなぐちゃぐちゃの線があるとします。複雑に曲がった糸でも髪の毛でも構いません。

さぁ、こんなぐちゃぐちゃな線を我々プロは、どう捉《とら》えているのでしょうか。この線の小さな小さな一部分を取って、ぶわ〜っと拡大するんです。つまり、ズームインする。すると、どうなりますか？　どんなにぐちゃぐちゃな線でも、ものすごく拡大すれば直線に

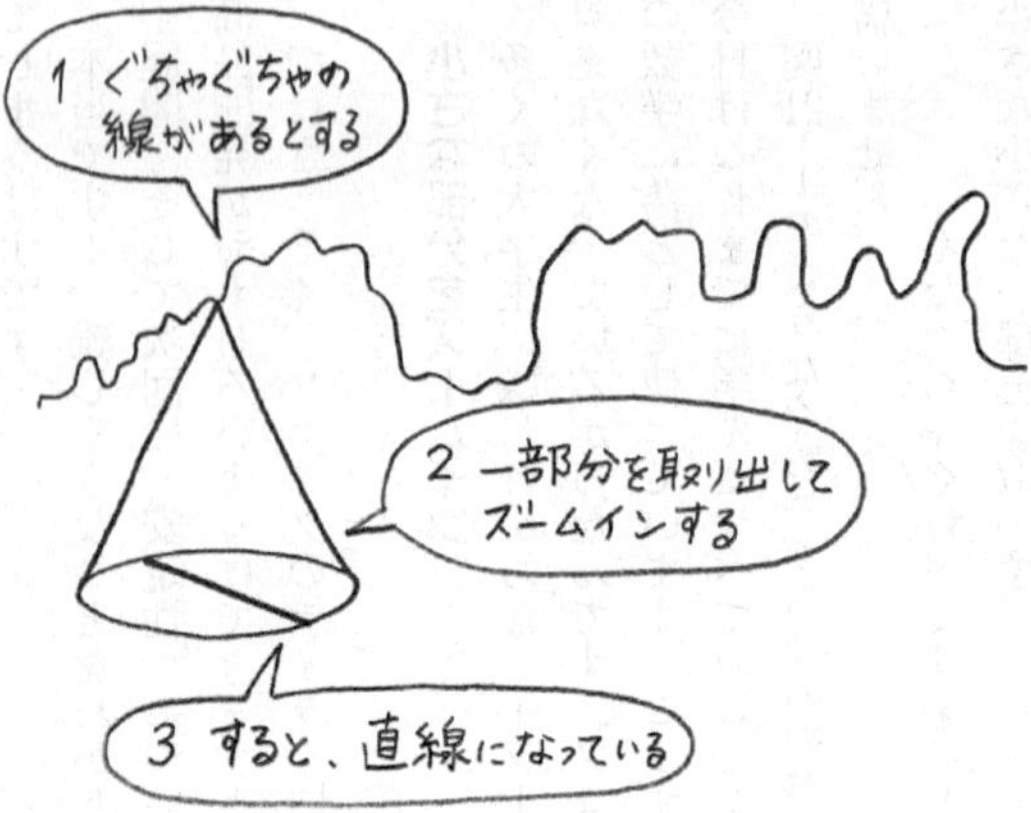

図21-1　ぐちゃぐちゃの線を描いてみる

なります。わかりますよね。

直線を式にする方法は1次関数といって、中学校で習いました。1次関数だけだとちょっとつまらないので、2次関数まで入れておきましょうか。これで今日の授業の大事なところは終了です。

いや、あながち冗談でもないのです。これがテイラー展開の本質なのですから。マニアックな方々の中には3次関数や4次関数を使う方もいますが、私のこれまでの経験では2次関数まで使えたら完璧《かんぺき》。ものづくりの世界で生じる問題のほとんどが、これで解けてしまいます。私が保証しますから信じてください。大事なのは、このズームインのイメージを持つことです。

まとめます。「すべての曲線は、ズームインすると1次関数あるいは2次関数で近似できる」。これがテイラー展開の定義だと思ってください。ひとつ、これだけは付け加えておこうかな。どんなにズームインしても、どうしても折れ曲がっていて直線にならない線を「フラクタル」といいます。これには別の使い道があるのですが、ここでは例外として捉えておけば大丈夫です。

sin x は x とすべし

どんな凹凸でも滑らかにできる——これはものづくりの世界で、ものすごく使える発想です。手始めに、先日、私が小学2年生に出してほぼ全員が正解した問題を出題いたしましょう。

図21-2のような曲線があったとします。この曲線の長さを定規で測ってください。

——ひもを線に当てて、伸ばして測ってはダメですか？

それ、小学生からも出た答えでした。それも正解の1つなのですが、今日はひもは使えないことにします。

では、小学生の大半が出した答えを言います。こうやって、なんとなく直線に見える部分を細かく区切っていって、一つひとつの長さを定規で測るんです。「ここは2cm」「ここは5cm」ってやっていって、最後に合計する。これこそ、まさにテイラー展開の考え方です。小学生でもできてしまいました。材料の変形などを計算する際によく使われているソ

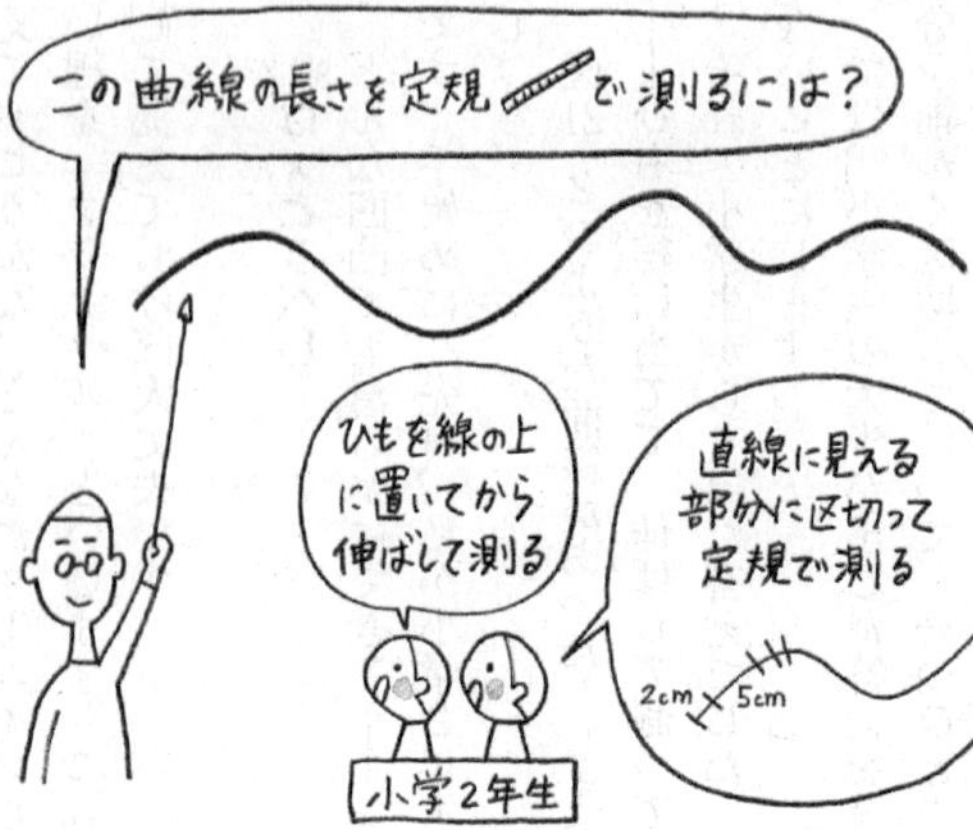

図21-2　小学生向け問題。この曲線の長さを定規で測るには？

フトウエアに「有限要素法（FEM）」がありますが、そのベースになっているのも、この考え方なんです。

ここまでがイントロダクションで、大人のみなさんには別の問題に取り組んでいただきましょう。

問題1。このコラムでいく度となく登場した「ゆらゆらの関数」といえばsinでしたね。

大人のみなさんは$\sin x$を知っています。テイラー展開ではどちらにしても小さな部分だけを見るので、ここでは$x=0$付近だけに注目してみます。何かに気付きませんか。

――直線になっている……

そう。$y=x$の直線を引いてみると、かなりピタッと合ってしまいます（図21-3）。

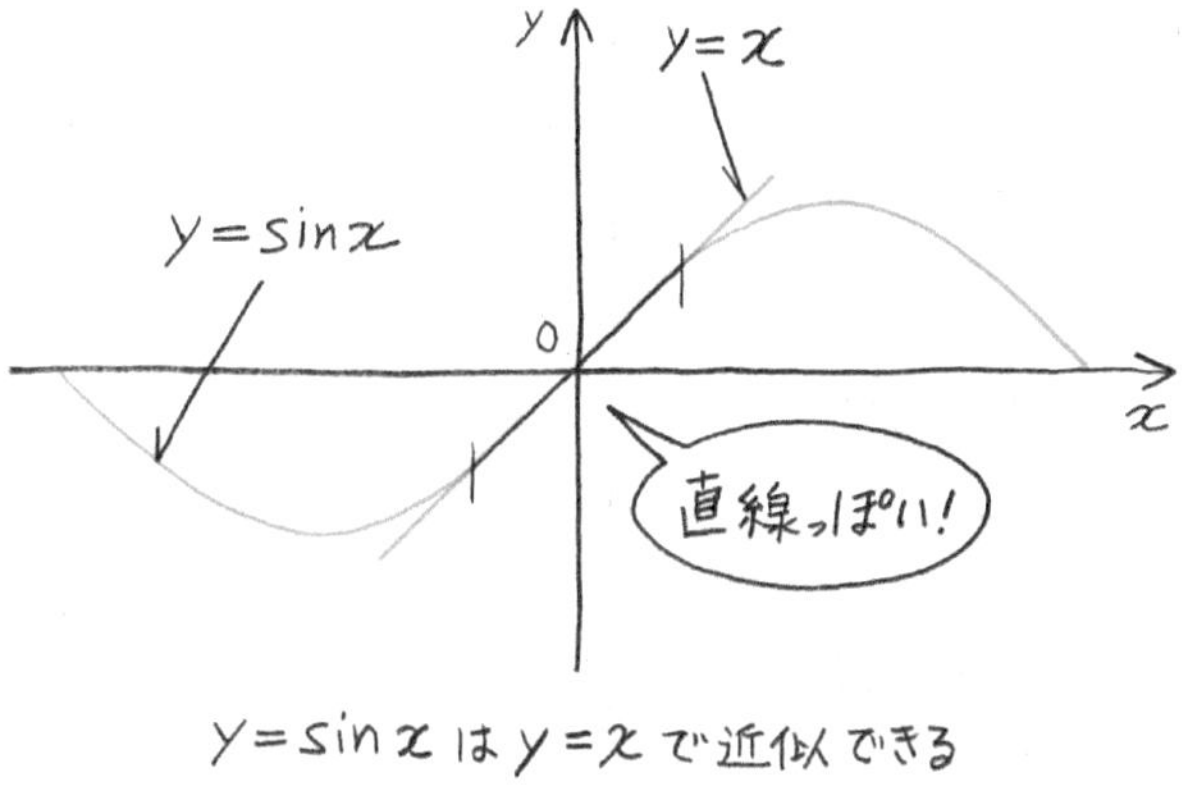

図21-3　大人向け問題1。y=sin xをx=0付近で近似せよ

sin x は、$y=x$ で近似できる。原点付近は全部 $y=x$ としてOKです。

sin x を見たら、x とすべし。

これ、ものすごく大事ですからぜひ覚えておいてください。

cos x は微分するとカンタン

このように sin x を x にした瞬間に、ものづくりのレベルがぐーんと上がります。この調子で問題2。$y=\cos x$ ではどうでしょうか。sin x もそうですが、この cos x も非常によく使う関数ですね。cos の場合は、sin の山が、横にずれたものですね（図21-4）。

これも $x=0$ 付近で何かと近似させたいのですが……これ何かに似ていませんか。

——2次関数！

そうです。これ、2次関数っぽいですよ

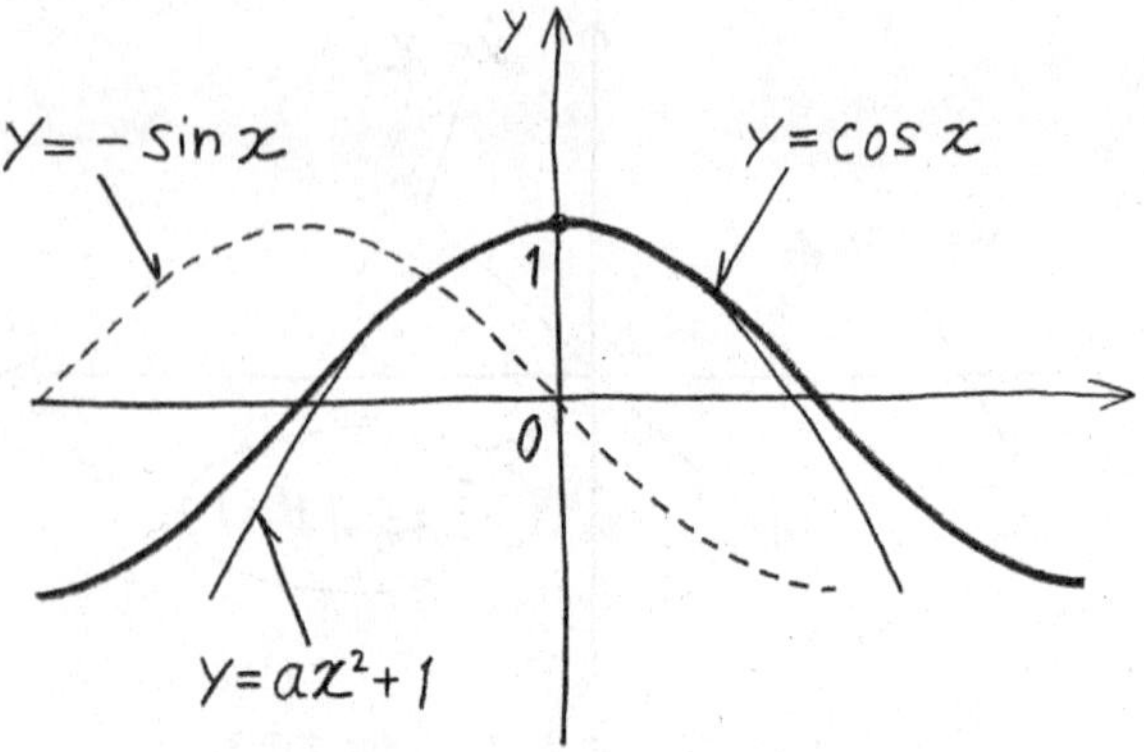

図21-4　大人向け問題2。y=cos xをx=0付近で近似せよ

ね。こういうノリで2次関数を当てはめてみます。その2次関数を今から求めるわけですが、ちょっとここからはマジメに解いていきましょう。考え方はこんな感じです（図21-5を見ながら進めてください）。

$\cos x$ は $x=0$ のときに $y=1$ になりますから、近似する2次関数の定数を a とすると、

$$y=ax^2+1$$

になるまではわかります。問題は a をどう求めるかです。ここで微分を使います。

まず、$y=\cos x$ を微分すると $-\sin x$ になります。$\sin x$ は x とするのでしたよね。ですから、ここは $-x$ として問題ありません。

そして次に、先ほどの $y=ax^2+1$ を微分する

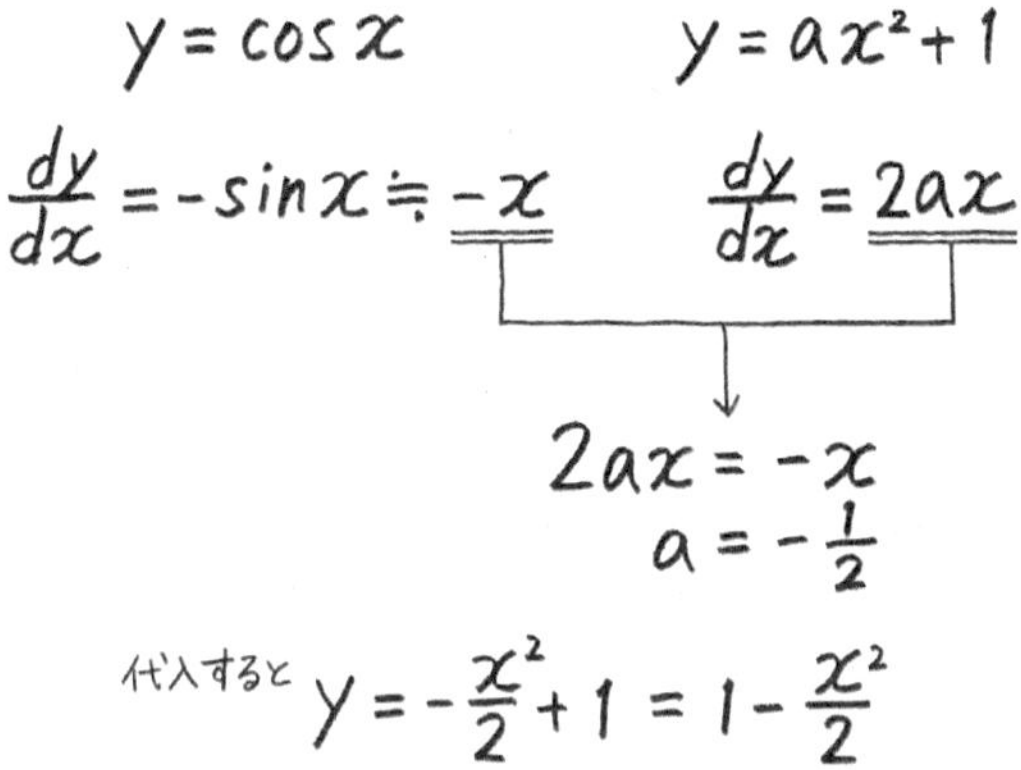

$y=\cos x$
$y=ax^2+1$
$\frac{dy}{dx}=-\sin x \fallingdotseq -x$
$\frac{dy}{dx}=2ax$
$2ax=-x$
$a=-\frac{1}{2}$
代入すると $y=-\frac{x^2}{2}+1=1-\frac{x^2}{2}$

図21-5　グラフの2次関数を解く

と、「肩の２（荷）が降りて前に来る」（第３時限、P38参照）ので、$2ax$。つまり、$2ax=-x$となって、$a=-\frac{1}{2}$と求まります。

——すご～い。

でしょ？（笑）学生時代に苦労した方には、このやり方がいかにかんたんか、おわかりいただけると思います。答えは

$$y=-\frac{x^2}{2}+1$$

項を入れ替えれば

$$y=1-\frac{x^2}{2}$$

になります。

これからは、sinとcosが出てきたら

$\sin x$はxとする

$\cos x$は$1-\dfrac{x^2}{2}$とする

これを我々の常識とします。これを大きく書いて、額縁に入れて飾っておいてくださいね（笑）。

では問題3。本書で何度も登場した「イケイケ関数」といえば？

――指数関数。

そうです、$y=e^x$の指数関数です。

e^xのテイラー展開も怖くない

絵に描いてみましょう（図21-6）。

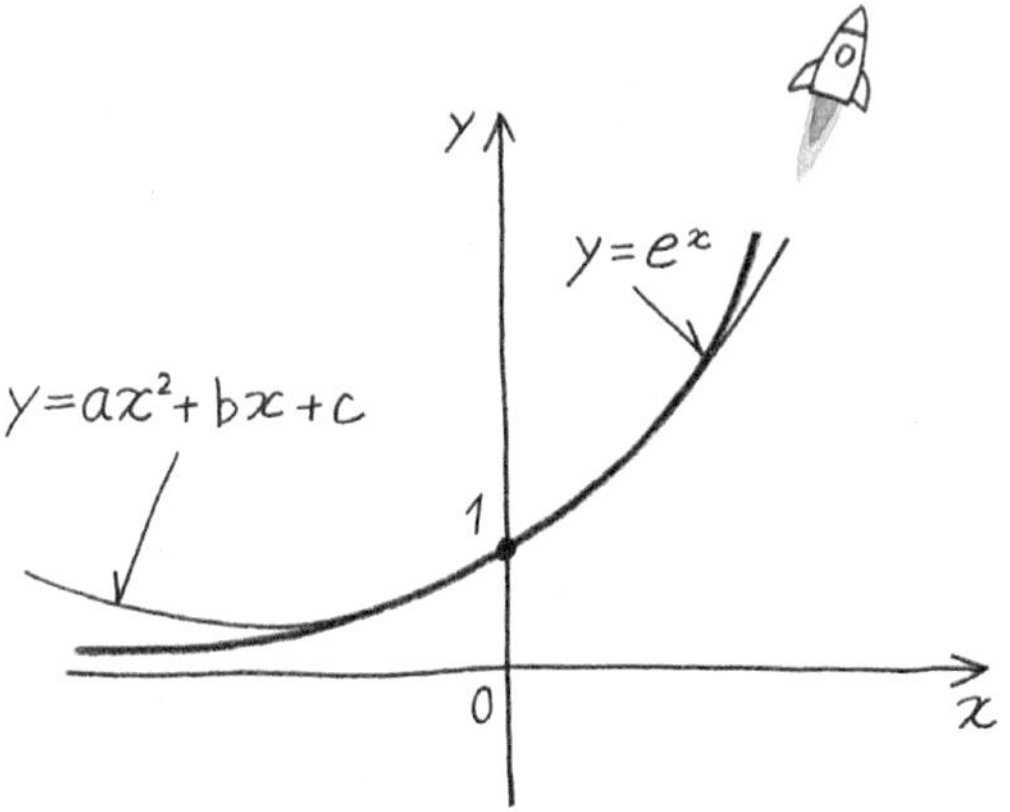

図21-6　大人向け問題3。$y=e^x$を$x=0$付近で近似せよ

xがマイナスのときは少しずつ増えていって、$x=0$のときに$y=1$を通過、その後はイケイケですから急激に増えていきます。ロケットがすっ飛んでいくイラストが、本書ではよく登場しますよね。

ここからが問題です。$x=0$付近の、この曲線を近似したい。ですが「大学で勉強するような難しい関数ではなくて、なんとか2次関数までできたらいいな」などと思うわけです。グラフを見ると、どうやら2次関数でいけそうなので、さっそく、ピタッと当てはめてみましょう。図21-7を見ながら進めてください。近似する2次関数を$y=ax^2+bx+c$としておきます（式①）。

傾きをピタッと当てはめたいわけですから、ここでもやっぱり微分を使ってしまいましょう。e^xは、何回微分しても同じe^xに

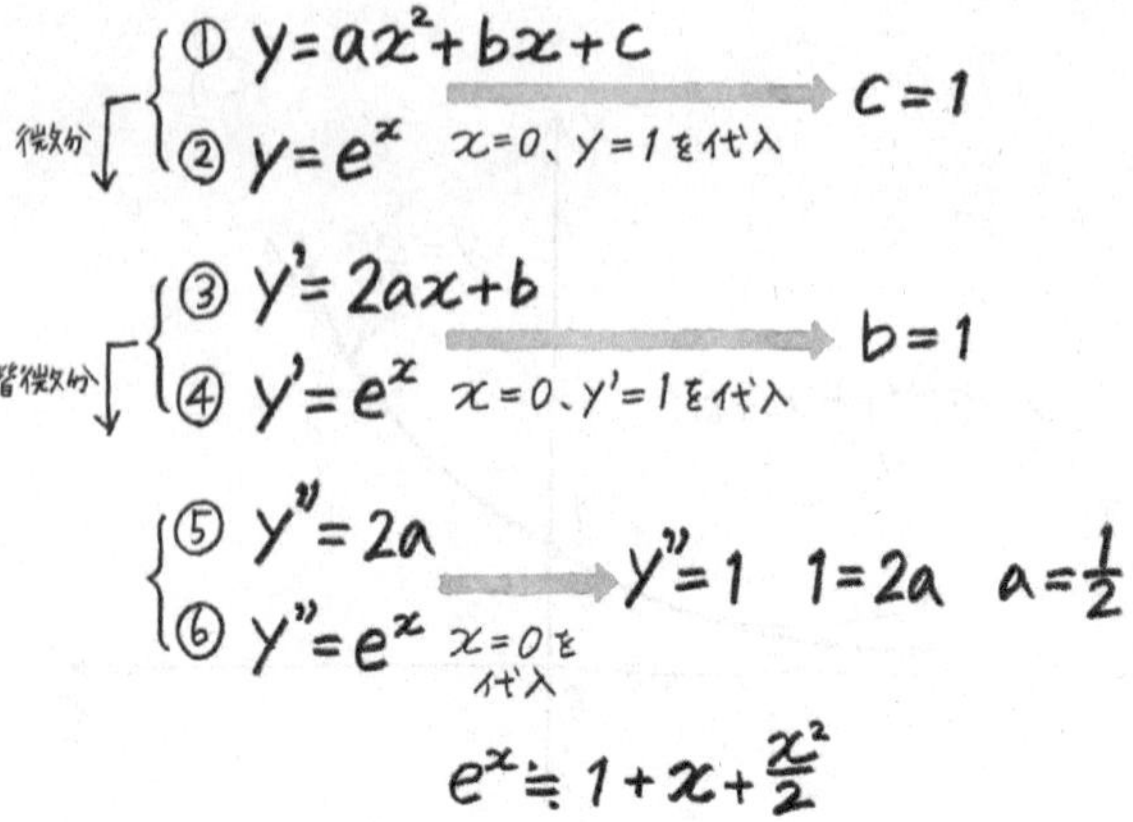

図21-7　近似すると…

なります。次に①式を微分すると、③式になります。これをめげずにもう1回！ 2階微分すると⑤式と求まります。

$x=0$付近で近似させたいので、$x=0$をまず2階微分した⑥式に代入すると、1。2次関数を2階微分した式に当てはめると$2a=1$となるので、$a=1/2$とわかります。同じように1階微分の④式、③式に$x=0$を代入すると、$b=1$と求まります。最後に①式に$x=0$を代入すれば、$c=1$であることがわかります。

e^xのテイラー展開はつまり、

$$1+x+\frac{x^2}{2}$$

となるわけです。

これ、スゴくないですか？

最後に問題4をやって締めくくりましょう。

$$y=e^x+\cos x$$

のテイラー展開は？

これは大学レベルの問題ですが、今のみなさんならかんたんに解けてしまいます。e^xのテイラー展開は$1+x+\frac{x^2}{2}$、$\cos x$のテイラー展開は$1-\frac{x^2}{2}$だから、$\frac{x^2}{2}$が消えて…

$$2+x$$

になります。

ここまでかんたんな関数になれば、グラフのイメージがリアルに湧いてきませんか？　$y=2$からポーンと右上に伸びていく感じが！　これこそが、我々プロがやっていることと。テイラー展開で複雑な曲線を1次や2次の関数に落とし込んでしまえば、その変化の様子を手っとり早くつかめるわけです。

■第22時限　コブタさんの家に突風が吹いたらどこまで耐えられる？

小さく区切ってピタッと近似

第21時限から「テイラー展開」について学んでいます。みなさんに伝授した西成流テイラー展開の定義、覚えていますか？「どんな複雑な曲線も、小さな一部分を切り出して拡大すれば1次関数あるいは2次関数で近似できる」というものでした。複雑な記号が並ぶ公式を学生時代に習った人もいると思いますが、本書をお読みいただいているみなさんは忘れてしまっても大丈夫。私の経験から言うと、テイラー展開は1次関数と2次関数が使えれば十分に足ります。ですので、公式に頼らなくても、答えをいつでも導き出すことができるのです。

答えをいつでも導き出すコツは、グラフ上の曲線を小さく区切り、区切った部分をよく見て、直線か放物線を当てはめていくアプローチを取ること。$y=\sin x$ の $x=0$ 付近なら、直線（$y=x$）を当てはめてみます。

$\cos x$ の $x=0$ 付近なら、放物線になっているので2次関数（$y=ax^2+1$）を当ててはめてみるのです。$\cos x$ の場合は微分するとかんたんです。$y=ax^2+1$ と $y=\cos x$ をそれぞれ微分し、

イコールで結べば

$$2ax = -\sin x$$
$$\fallingdotseq -x$$

となってaは$\frac{1}{2}$と解けます。ただし、1点だけご注意を！　これが成り立つのはxが非常に小さい場合だけです。

外乱が加わっても元に戻る

——先生、質問です。ぜひ職場で使いたいのですが、私の職場ではxが0付近のときというのがあんまりなくて……。

そうですよね。でも心配は要りません。$x=0$付近でなくても、小さな区間であればどこでもテイラー展開の答えを導けます。たとえば第21時限の授業で、$y=e^x$を$x=0$付近で近似させる問題を出しました。この解を求めるときに$x=0$を代入しましたが、仮に$x=1$付近で近似させたい場合は、代入する式を$x=1$とすればいいだけです。つまり、どの区間を近似させるかは自由に決められるのです。くどいようですが、気を付けなければならないのは、その近似させる区間が小さいことの方にあります。

これが使いこなせるようになると、どんな複雑な曲線でも1次関数か2次関数の継ぎはぎで表現できるようになります。細かく区切って直線か放物線をピタッ、ピタッと当てていけばいいのですから、それはもう何にでも使えます！　たとえば私は、実際に自動車のサスペンション用ゴム部品を削る職人の技を関数で表現するときに使ったことがあります。

ここからが第22時限の見どころです。私がこれまでどんな場面でテイラー展開を活用したかを振り返ると、もっとも多かったのは安定性解析だと思うのです。ですので、ここからのテーマは「安定性解析」です。安定性確保はものづくりの基本なので、現場でどんどん使っていただければうれしいです。

ところで、この安定性とは何でしょうか。

たとえば建物なら、風が吹いたり小さな地震が起きたりしただけで壊れてしまっては困ります。どんな物でも、多少の乱れに耐えられなければ使えません。この乱れのことを「外乱」といって、物にこれが加わっても時間がたてばきちんと元の状態に戻れるかどうかを安定性といいます。

ただし、外乱といっても、ものすごく大きなものは除外します。たとえば、マグニチュード10の地震が起きても壊れない建物を造ると、発生リスクに比べてコストが掛かりすぎます。つまり、安定性解析では「外乱が小さいとき」という条件の下で安定性を証明すればいいわけです。

ここで、あるキーワードに気付きませんか？

安定性の核心は$\frac{dx}{dt}=ax$

そのキーワードとは、外乱が「小さいとき」。そう、テイラー展開も「xが小さいとき」に使えるんでしたよね。我々は、公式に頼らずともかんたんにテイラー展開できる技を身に付けているわけですから、これをフル活用して安定性解析ができれば非常に強力な武器になります。

では、具体的にどうやるのか、今からその本質部分だけを伝授しますが、実は本書をお読みいただいている方はすでに核心の式を知っています。

安定性解析をするときの基本になる式がコレです。

$$\frac{dx}{dt}=ax$$

この式は、第4時限や第10時限で登場しました。「xの時間（t）変化が自分自身に比例するよ」という意味で、これを解くと

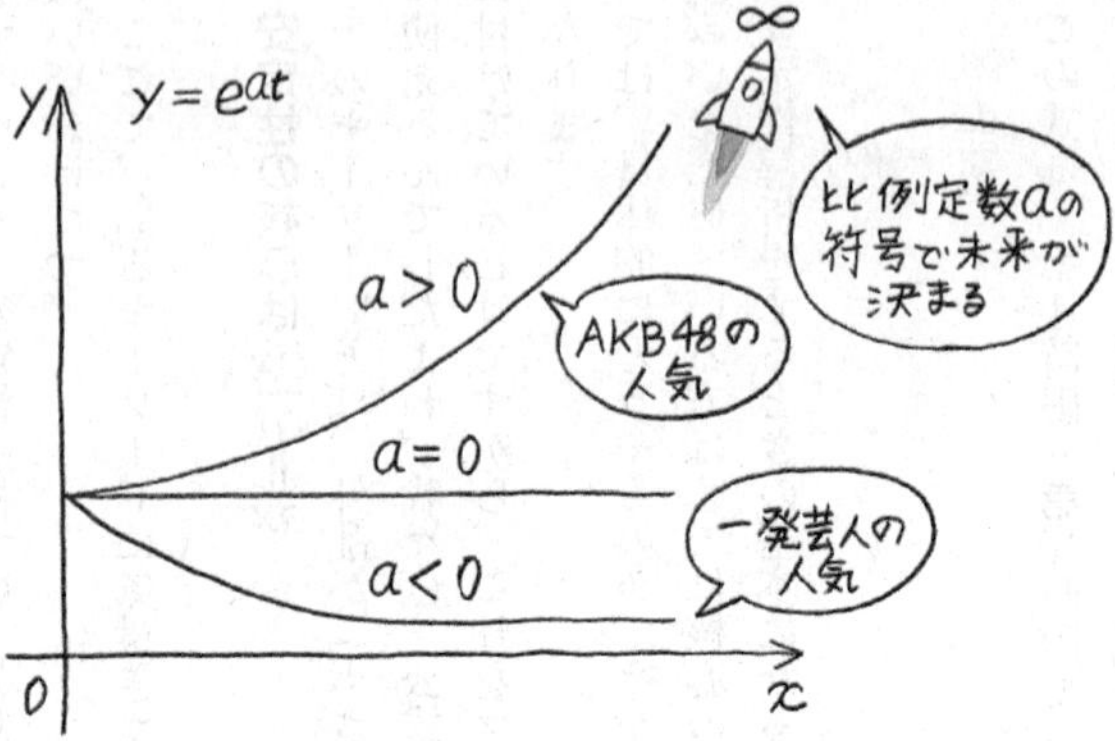

図22-1　比例定数aが変わると…

$$x=e^{at}$$

と求まります。

このx＝e^{at}がどのような曲線を描くかは、比例定数aによって決まります。aが正なら、AKB48の人気度みたいにぐいぐい上昇して最後は無限大に発散します。aが0なら、変わらず一定。aが負なら、0に近づいていきます（図22-1）。

これだけ押さえておけば、実はほとんどの安定性解析ができてしまいます。2次関数どころか1次関数でできるのですから、もう使わない手はありません。

さっそく、問題を解きながらポイントを解説します。

問題1。物の状態を表すこんな式があったとします。

$$\frac{dx}{dt} = ax + b$$

「xの変化は、x自身のa倍にbを足したものですよ」という意味です。これが、建物や飛んでいる飛行機の状態だったとしましょう。安定性解析をする最初のポイントは、まず外乱が加わる前の安定している状態を求めることです。安定している状態は、つまり変化しない状態のことですから

$$\frac{dx}{dt} = 0$$

これは$ax+b=0$で表せます。中学生でも解けてしまいますよね。答えは

$$x = -\frac{b}{a}$$

とわかります。

ここにいよいよ外乱が加わります。絵本の物語のように考えてみるのもいいですね。コ

ブタさんが自分で建てた家があります。これまでは穏やかな日々でしたが、突風が吹いてきました。コブタさん、ピンチです！

安定状態の式にεを加える

安定性解析では、外乱をよく「小さい」という意味も含めてε（イプシロン、epsilon）で表します。とがった口を横から見たような形の記号です。安定状態$-\frac{b}{a}$に外乱εが加わるので、外乱発生後の式は

$$x=-\frac{b}{a}+\varepsilon$$

と表せます。これを元の式

$$\frac{dx}{dt}=ax+b$$

に代入します。これがポイント2。代入するときは、左辺と右辺を個別に計算します。左

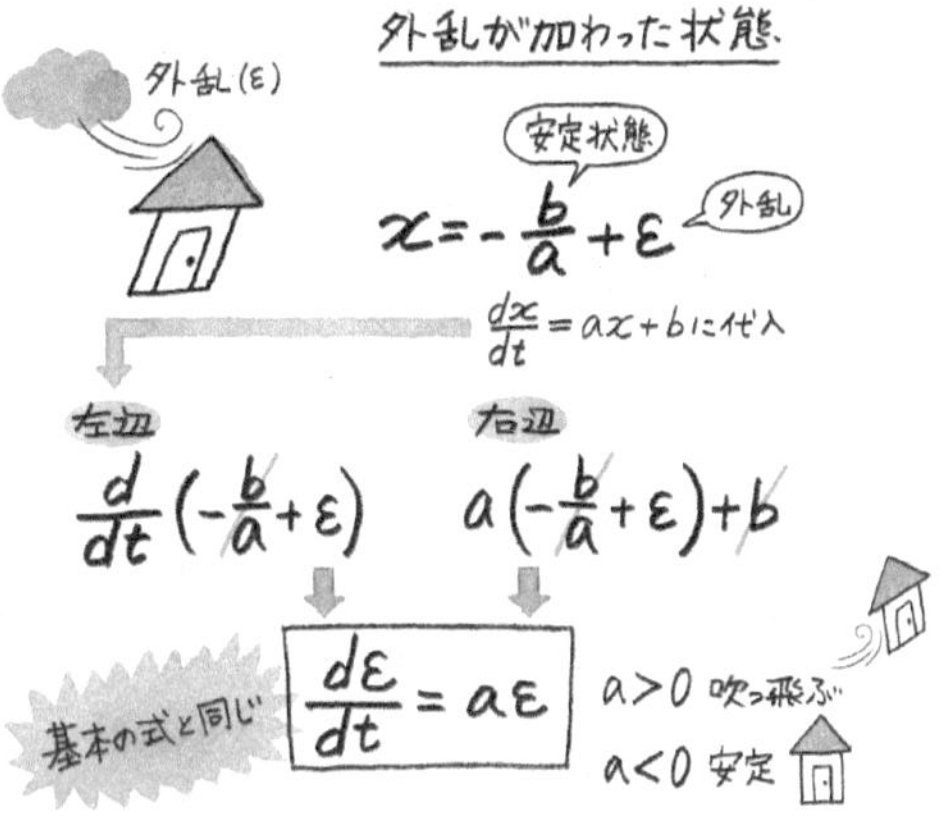

図22-2　外乱が加わった状態

辺に代入すると、

$$\frac{d}{dt}\cdot\left[\left(-\frac{b}{a}\right)+\varepsilon\right]$$

となって、定数$\frac{b}{a}$は微分すると消えるので$\frac{\mathrm{d}\varepsilon}{\mathrm{d}t}$と求まります。右辺は

$$a\left[\left(-\frac{b}{a}\right)+\varepsilon\right]+b$$

となって、ここでも定数はキャンセルして消えるので$a\varepsilon$となります。つまり、乱れに対する状態変化の式は

$$\frac{d\varepsilon}{dt} = a\varepsilon$$

と表せるのです（図22-2）。

さぁ、コブタさんの家は無事でいられるのでしょうか。ここで乱れに対する式をよく見てみると、アレレ？　どこかで見たことがあります。先ほどのAKB48の式と同じではありませんか。すなわち、aが正ならコブタさんの家はどこかへ吹っ飛んでしまう。負なら0に近づいていく、つまり元の状態に戻って乱れεに対して安定だと証明できるわけです。コブタさんの家を吹き飛ばされないようにするには、初めからaが負になるように設計する必要があったとわかりました。

これが安定性解析の肝の考え方になります。どんな物でも、状態を表す式は

$$\frac{dx}{dt} = f(x)$$

で表せます。ですから安定状態の式は$f(x)=0$となりますが、関数が複雑である場合、この方程式を解くのはほぼ不可能です。ですが、テイラー展開をしてしまえば可能です。こ

の発想は非常に使えるのでぜひ覚えておいてください。

問題をもう1つやってから質問タイムとしましょう。問題2。第6時限で「サチる（最終的に飽和する現象の）式」をとりあげましたが覚えているでしょうか。

$$\frac{dU}{dt} = acU - aU^2$$

という式でした。このサチった後の状態に外乱を加えたらどうなるか、安定性解析をしてみましょう。

サチった後ですから、変化がない状態。つまり、

$$acU - aU^2 = 0$$

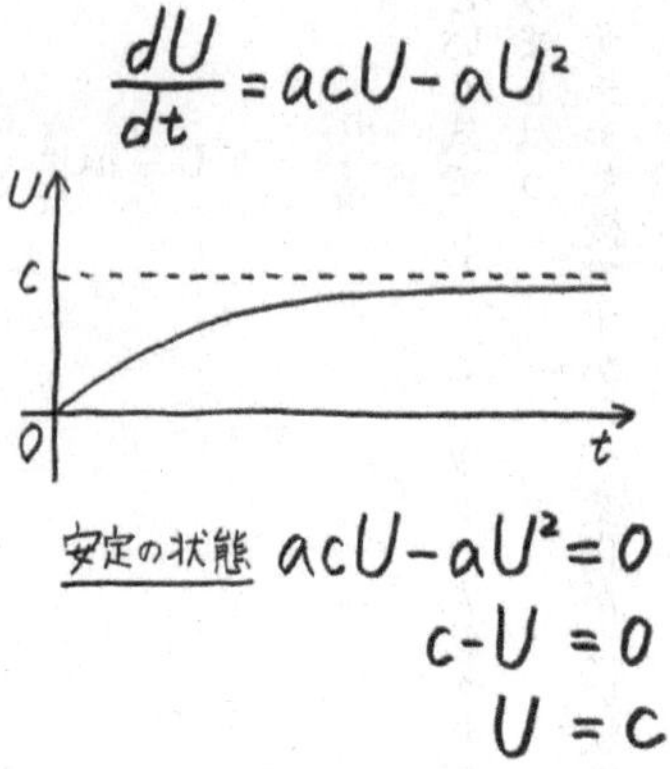

図22-3　サチる式の安定性は？

として解きます。aとUは共通にあるので取ってしまって

$$c-U=0$$

となります。ですので

$$U=c$$

がサチった後の状態の式です（図22-3）。

「国の安定性」も考え方は一緒

ここで風が吹きました。式にすると

$$U=c+\varepsilon$$

です。これを先ほどの元の式に代入します。

図22-4を見ながらお読みください。左辺

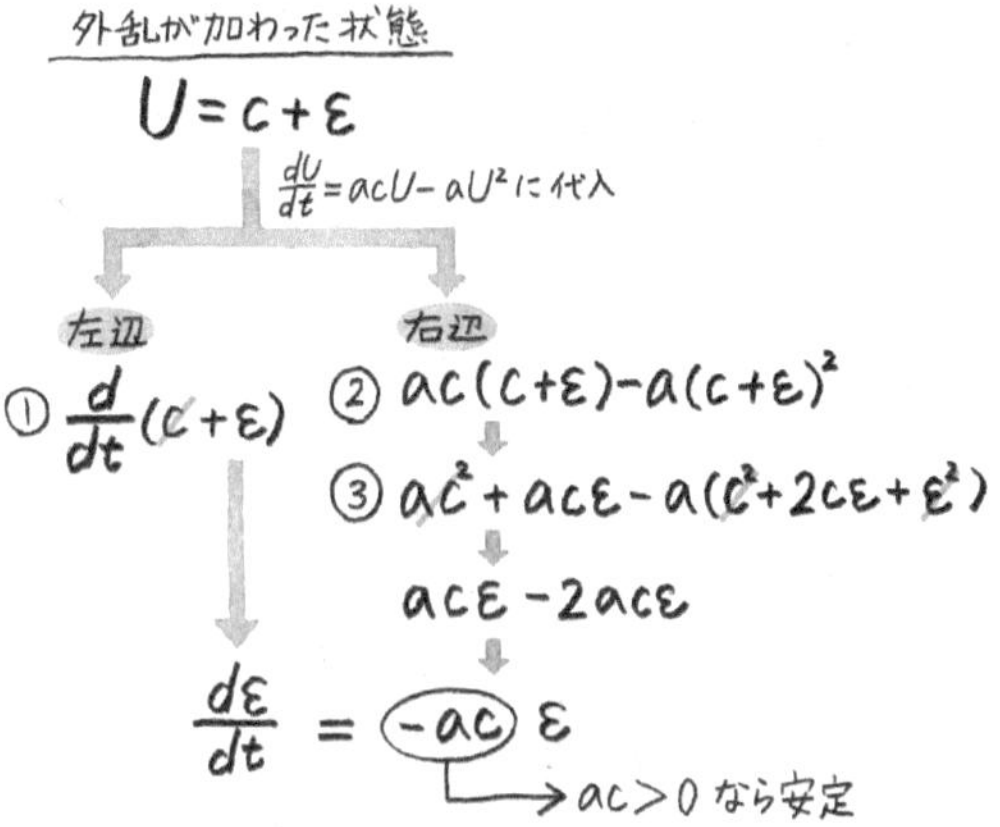

図22-4　外乱が加わった状態を解いていくと…

は式①で、cは微分すると消えますから、$\frac{d\varepsilon}{dt}$。右辺は、Uの部分に$c+\varepsilon$を入れると、式②と表せます。展開すると、式③になります。

ここで追加の西成ポイント！　εは非常に小さいので、ε^2は式全体の中では無視していいほど小さくなります。消してしまって問題ありません。ここがミソです。右辺を計算すると$-ac\varepsilon$と求まります。

つまり、サチる式の乱れに対する状態変化の式は、

$$\frac{d\varepsilon}{dt}=-ac\varepsilon$$

となります。

これが何を意味しているかわかります

か？　$-ac$が負、言い換えればacが正であることが安定条件になります。これでもうコツがつかめたのではないでしょうか。

まとめます。物に対する小さな乱れが収まるかどうかは、テイラー展開を使えばあらゆる物の状態について証明できます。くどいようですが、テイラー展開は1次関数か2次関数が使えれば十分です。恐れずに、どんな物でも安定性解析してみることをおすすめします。

――ちょっと話がずれてしまうかもしれませんが。お客様からのクレームを減らして、お客様を安定化するのには使えないんですか？

お客様の状態が式で表せれば使えます。実は、この考え方は物の安定性だけに活用されているわけではないのです。抽象的なものでも、式にさえできれば解析できます。たとえば私の知人は、いつ戦争が起こるのか、国の均衡状態が果たして安定かという政治学の論文でこの考え方を使っていました。インフルエンザがパンデミックを起こした場合、いつ終息するかなどというのにも使えます。

第15時限から始まったセカンドシーズンもいよいよ終盤となりました。第23時限はみなさんに謎の武器「X」として内緒にしていたテーマに入ります。お見逃しなく！

SEASON II

第8章

仕事で使える非線形（振動と波）

■第23時限

「現実」を精密に表せる非線形は日本人の思考に合っている

最後のテーマ「謎のX」がいよいよ、そのベールを脱ぎます！ そのXとは……「非線形」です。

非線形は「擦り合わせ」

ここで数学の歴史を少しひも解いてみましょう。幾何、代数、解析の3分野は、古いものでは約2000年の歴史があり、1900年代初めに枠組みがほぼ出来上がっています。そのころ、ダフィット・ヒルベルトさんらの偉大な数学者が現れて、私の考えではこのころから数学の「抽象化」が一気に加速しました。そこで、一部の数学者がふと気付いたのです。「俺たちの武器、現実の世界では使えなくない？」と(笑)。ヒルベルトさんたちの理想郷は極度に抽象化され、理解しやすい線形が多かったのですが、現実の世界は非線形なのです。非線形とは、ものごとがお互い複雑に絡み合っている状態です。逆に線形は各要素がバラバラな状態です。もちろん現実世界は様々な要素が相互作用をしながら変化していくので非線形なのです。

非線形が急速に盛り上がったのは、コンピュータが登場した1960年ごろからです。

私が生まれた１９６７年は特に、この後お話しするソリトンなどの顕著な発見がたくさんあり、それを牽引《けんいん》したのが日本人でした。非線形は日本の「お家芸」とも言えるのです。なぜでしょうか。線形が要素をバラバラにして考える「モジュール」だとすると、非線形は互いに関係し合う要素を総合的に考える「擦り合わせ」です。日本には周囲との調和を考える、擦り合わせの文化がある。だから非線形は日本人の思考に合っているのだと思います。

sinでは揺れないばね

数学の長い歴史の中で、非線形は最新数学です。それが日本のお家芸だというのですから、これはもう使わない手はありません。しかもこれによって、今まで我々が学んできた数学よりもずっと精密な計算が可能になります。何せ、これまで近似していたものを近似なしできっちり解けてしまう場合もありますから、計算の精度は格段に上がります。

その中身を知りたくなってきましたよね（笑）。第23時限は、私が得意とする非線形のおいしいトコロだけ、しかも、ものづくりでもっとも力を発揮する題材を２つとりあげます。これを使って、日本のものづくりにパワーを！

１つめは本日のメーンディッシュ。ものづくりをする上で絶対に避けてはとおれない「振動」をとりあげます。２つめは最後の第24時限でとりあげますね。

みなさん、振動といえば？
――sin！
そう、もうおなじみですね。私たちはこれまで「ゆらゆらと揺れるものはsin」と勉強してきました。たとえば、図23-1のようにばねに重りをつり下げたとします。

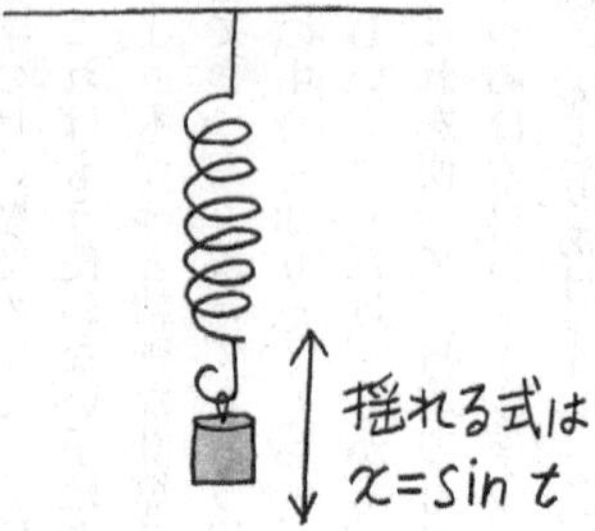

図23-1　揺れるばね

すると、ビヨンビヨンと揺れますよね。この揺れを私たちはsinとしてきたわけですが、今日は一味違います。開発の現場にいらっしゃる技術者の方は体験上、ご存じでしょう。揺れが大きいと実際にはsinでは揺れず、別の揺れ方をすることを。この秘密をお教えします。

基本にあるのは「フックの法則」です。これは学校で勉強しましたよね？　重りの質量を、たとえば10gから20gに変えると、ばねの伸びも2倍になる。「ばねに掛かる力が大きくなればなるほど伸びも増える」という法則です。この関係をグラフにすると、図23-2のような直線になります。

力や伸びが小さいときはこれでいいけれど、大きくなっても同じだと思うと痛い目に遭います。実際は図23-2の破線のようになります。

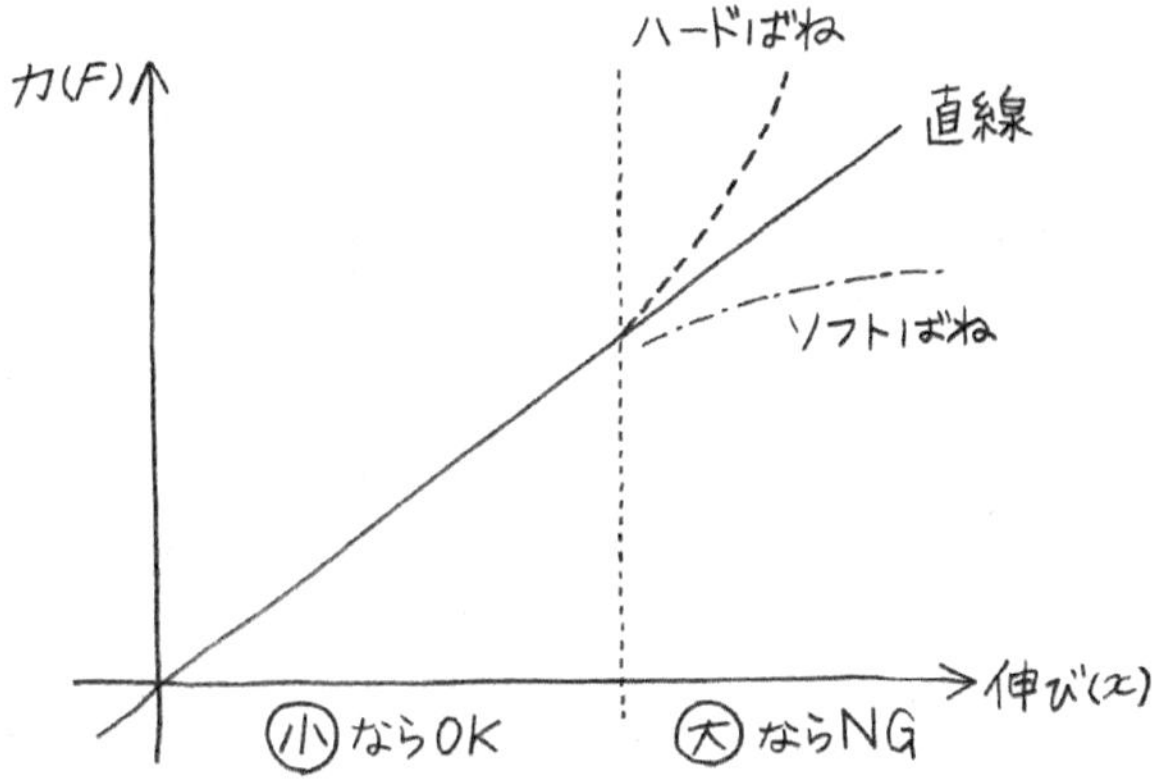

図23-2　フックの法則とグラフ

上にずれていくのを「ハードばね」、下にずれていくのを「ソフトばね」と言います。

「せめぎ合う」項を足す

コレは意外とご存じない方が多いです。大学の機械工学科でも教えていないところは多いのではないでしょうか。ですので、ソフトばねとハードばねの存在を知っていただくだけでも、ものづくりの精度は格段にアップしますよ！

この場面を式にしてみましょう。図23-3の①の式を見てください。

力は英語でForceと言うので頭文字を取ってF、伸びをxとします。kはばね定数で、直線の傾きを示します。これが線形の式です。これを非線形でどう表すかという

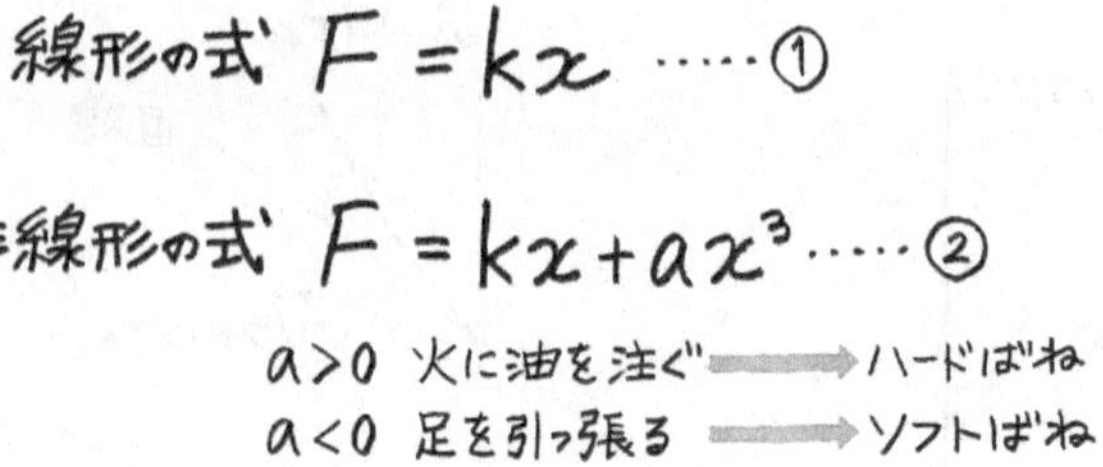
線形の式 $F=kx$ ……①
非線形の式 $F=kx+ax^3$ ……②
$a>0$ 火に油を注ぐ → ハードばね
$a<0$ 足を引っ張る → ソフトばね

図23-3　線形の式と非線形の式

と図23-3の②のようになります。

先ほどの線形の式に、係数aを掛けたx^3（3次関数）の項を足す。これだけです。

aが正のときは、xが大きくなると3次の項が効いてきてグラフの線が上にずれていきます。これがハードばねです。逆にaが負のときは、xが大きくなると線が横に寝ていきます。これがソフトばねになります。kとaを調節することによって、現実のどんなばねでもこの式で近似的に表現できるのです。x^2の項は、押しても引いても符号が変わらず、バネとしての性質とは異なるので入れません。

さぁ、ここで非線形の特徴が登場しました！「何かと何かがせめぎ合う」という特徴です。xが大きくなると3次の項が足を引っ張ったり油を注いだりして、式全体に影響を与えます。この式こそが現実で、ものづくりに欠かせない「振動の基本」だと私は思っています。

この式を知っているだけでもかなり意義深いのですが、

ニュートンの運動方程式

$$m\cdot\frac{d^2x}{dt^2}=F$$

↑質量　↑加速度　↑力

ダフィング方程式

$$m\cdot\frac{d^2x}{dt^2}=-kx-ax^3$$

図23-4　ニュートンの運動方程式とダフィング方程式

今日、伝授するのはこれだけではありません。「非線形ばねってどう揺れるの？」ということがわかってしまう式もお教えします。後でわかりますが、これはものづくりですごく重要です。

この式を導くには、ニュートンの運動方程式を活用します。質量（m）×加速度（$\frac{d^2x}{dt^2}$）＝力（F）という、アノ式です。このFのところに先ほどの非線形ばねの式を入れるのですが、ここで重要なのは符号です。力はばねの伸びる方向とは逆に掛かります。

だから、

$-kx-ax^3$

と入れます。この方程式は、非常に重要です。名前がついていて、「ダフィング方程式」と言います（図23-4）。

ばねの「愛」は表に出ない

これを知っていると、ばねがものすごく大きく揺れたときにどう動くかが全部わかってしまうのです。今日の主役はこの式に決まりです。

この方程式の解はというと……。

その答えを聞いても驚かないでいただきたいのですが、

$$x=\sin t$$

のiが抜けた、

$$x=\mathrm{sn}\ t$$

が出てきます。このsn（エスエヌ）関数は、方程式を解いて出した答えというより、ダフィング方程式の解として作られた関数で「ヤコビの楕円《だえん》関数」とも言います。この関数か

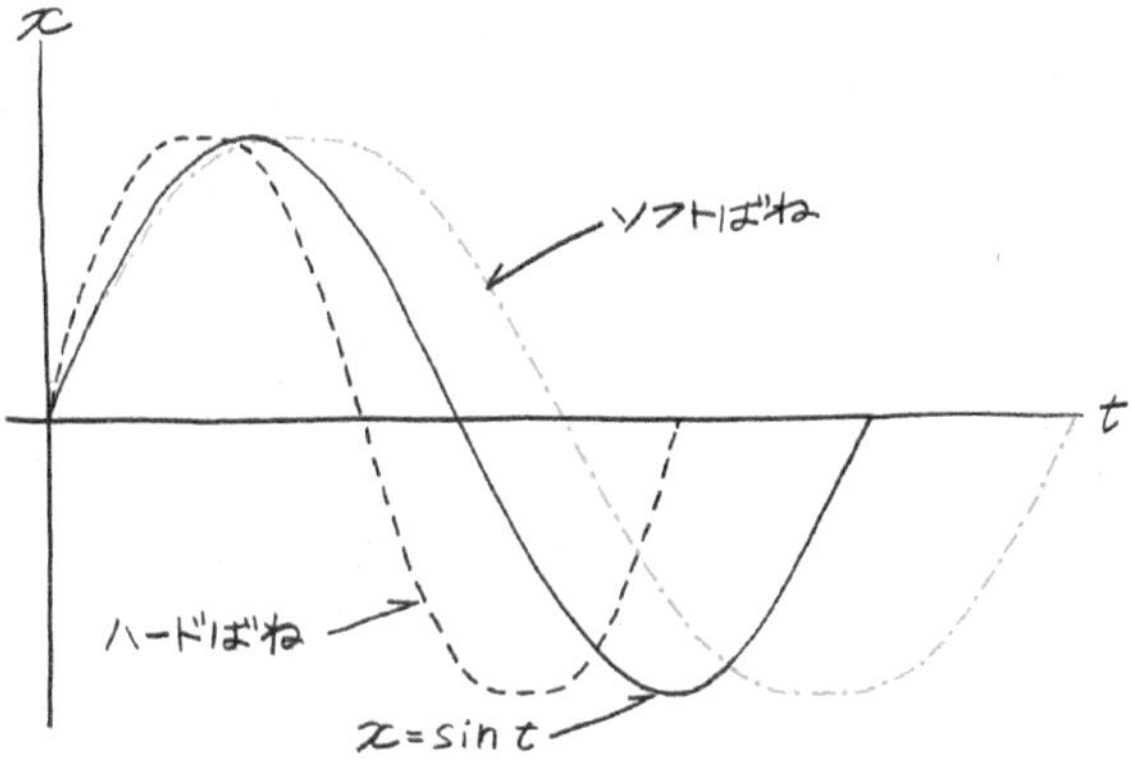

図23-5　ソフトばねとハードばね

ら i（愛）は抜けてるのですけど、私は愛があると思ってて…。

——愛は表に出さない方がいいってことも……。

おっ、いいですね〜。愛は表に出さない方が奥ゆかしくていい。実に日本的で気に入りました。ありがとう！

ヤコビの楕円関数はいわば三角関数の非線形版です。これをグラフにするとどうなるでしょうか。すごく作図能力が要るのですが、図23-5のようになります。

まず、snはsinよりも山のてっぺんが少しひずみます。そして、ハードばねでは周期は短めに、ソフトばねでは長めになるのです。

そう、現実の非線形ばねでは周期、あるいは固有振動数がずれるということです。「周期なんて絶対にずれない」。もしそう考えて設計しているとしたら大変なことになる可能性があります。現実の世界では周期は変わります。これをぜひ考慮に入れて設計をしていただきたいですね。

これは知らないとまずいことになりそうですよね。ですから私は、ぜひこれをみなさんに伝えたかったのです。そして、本書の読者のみなさんには特別に、周期のズレを計算する方法も伝授します！

ばねの振動数を、aを入れた式で書くとこうなります。

$$\omega = 1 + \frac{3}{8}a\mathrm{A}^2$$

振幅が振動数を変える？

この式は、導くのは大変なので、どうしてかを考えずに覚えてしまうのが得策です（笑）！

線形のときの振動数を1として、非線形になるとA（振幅の大きさ）が入ってきます。

aが正（ハードばね）なら振動数は1よりも大きい。そして、周期は振動数の逆数なので

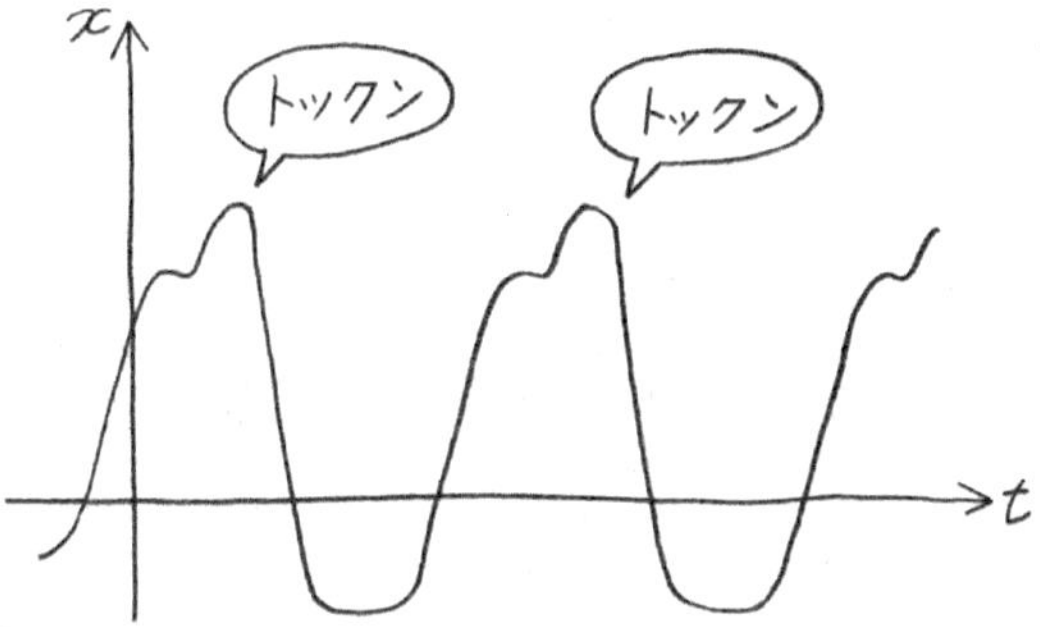

図23-6　リズムをグラフで表すと

周期が短くなる。aが負（ソフトばね）なら、振動数は1よりも小さいので周期が長くなります。

しかも、ここが重要なんですが、周期のズレは振幅Aにもよります。ハードばねなら振幅が大きければ大きいほど振動数も大きくなります。複数の要素が関係し合って全体に影響を及ぼします。これぞ非線形の特徴です。

最後に振動の話をもう1つ。それは「リズム」です。たとえば皆、胸に手を当てると鼓動を感じますね。トックン、トックン。これも非線形の振動です（図23-6を参照）。人間の心臓だけではなく、たとえば電気回路のダイオードやコンデンサの発振現象なんていうのも非線形のリズムになっています。こうしたリズムを式にするにはどうすればいいのでしょうか。

非線形振動の式を作るときのポイントは、

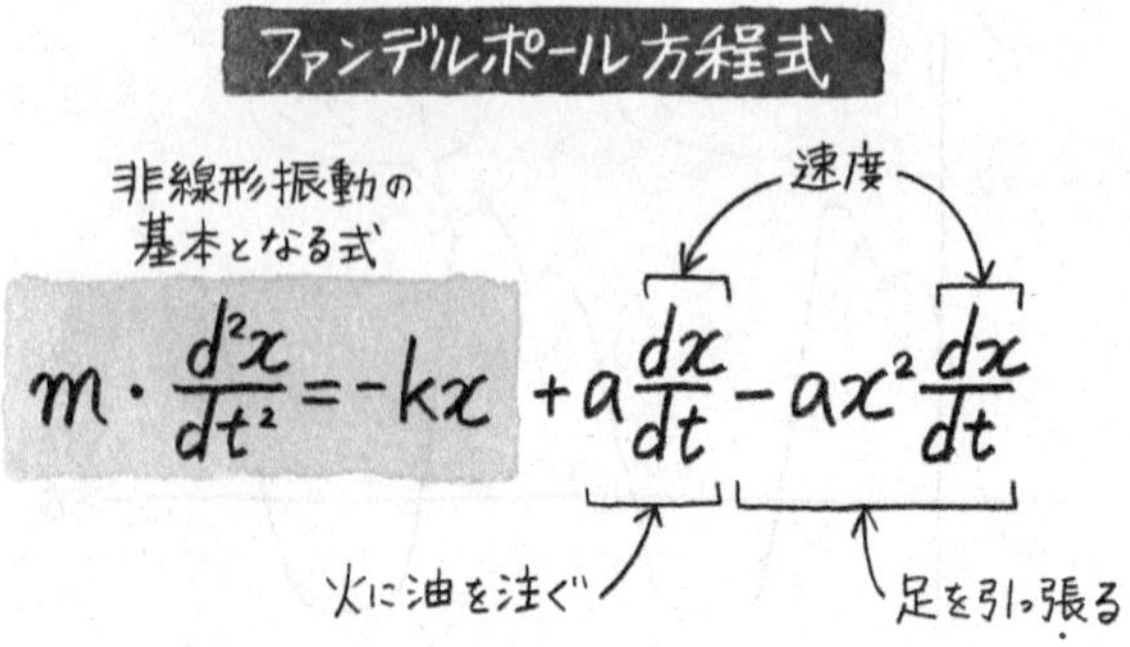

図23-7　ファンデルポール方程式

$$m\cdot\frac{d^2x}{dt^2}=-kx$$

を基本として、これに「足を引っ張る式」や「火に油を注ぐ式」を足していきます。すると、非線形独特の綱引きの式が出来上がります。

非線形では敵もいれば味方もいます。まるで私の人生のようです。

まず火に油を注ぐ式として、dx/dtに係数a $(a>0)$を掛けたものを足します。dx/dtは速度なので、速度が速い、ノリにノっているときは加速度(d^2x/dt^2)がさらに大きくなるようにします。

次に、足を引っ張る式。xが大きくなり過ぎたときに足を引っ張るように、

$$x^2 \cdot \frac{dx}{dt}$$

に$-a$を掛けた項を加えます。

この式を「ファンデルポール方程式」と言います（図23-7）。電子回路の発振現象を研究する中で発見されました。xが小さいうちは火に油が注がれて大きくなるけれど、xが大きくなり過ぎると足を引っ張られて元に戻されてしまいます。この駆け引きの所で波形がぐちゃぐちゃっとなるのです。でも、必ず同じところに戻ってきます。この現象を「リミットサイクル」と言って、ものづくりの現場でも見られます。

第24時限は見逃せない最終回!!

■第24時限
非線形の波が渋滞の謎を解いた！　数学は実社会でこんなに使える

現実を見据える大切さ

23回にわたってお届けしてきたこの授業が、今日の24回目で最終回を迎えることになりました。いよいよ私が最終回にと残しておいた、とっておきの武器を紹介して締めくくります。十分にご堪能《たんのう》ください。

第23時限は、私の専門である非線形の分野から「振動」をとりあげました。線形が抽象化によって物事を理解しやすくしているのに対して、非線形は現実の世界で起こる現象を忠実に表現するものです。たとえば現実のばねは、ずっと $\sin t$ で揺れるわけではありません。揺れが大きくなると、周期が $\sin t$ よりも短くなったり（ハードばね）、長くなったり（ソフトばね）します。この揺れ方を非線形の式で表してみると、その振動数はハードばねでもソフトばねでも、振幅に影響されることがわかります。

複数の要素が互いに関係し合って全体に影響を及ぼす。これが非線形の特徴であり、私が伝えたいことでもあります。

みなさんは日々の仕事の中で、抽象化された世界ではなく現実の世界を相手にしています。だからこそ、非線形を上手に活用してブレイクスルーを生んでいっていただきたいと願っています。

空間的に伝わるのが波

最終回のトピックスは、その意味でも究極の武器と言えます。これを理解しておけば、世の中のいろいろな現象を見とおせるのです。その最強の武器こそ「非線形の波」です。

振動と波の違いはわかりますか？　かんたんに言うと、同じ場所で動いているのが振動で、その動きが空間的に伝わっていくのが波になります。野球場などの観客席で巻き起こるウエーブを想像してもらうとわかりやすいです。あれって観客一人ひとりは上下に動いている（振動している）だけなのですが、その動きが隣へ移っていくと波のように見えるでしょう？　波は振動の発展版。そう考えれば怖くありません。

ここで恐縮ですが、式を出させてください。最終回は式なしでふわっと語ろうとも思ったのですが、あまりに私の専門分野なので、耐えられません（笑）。

まずは振動から。揺れをuとすると、

$$u=\sin t$$

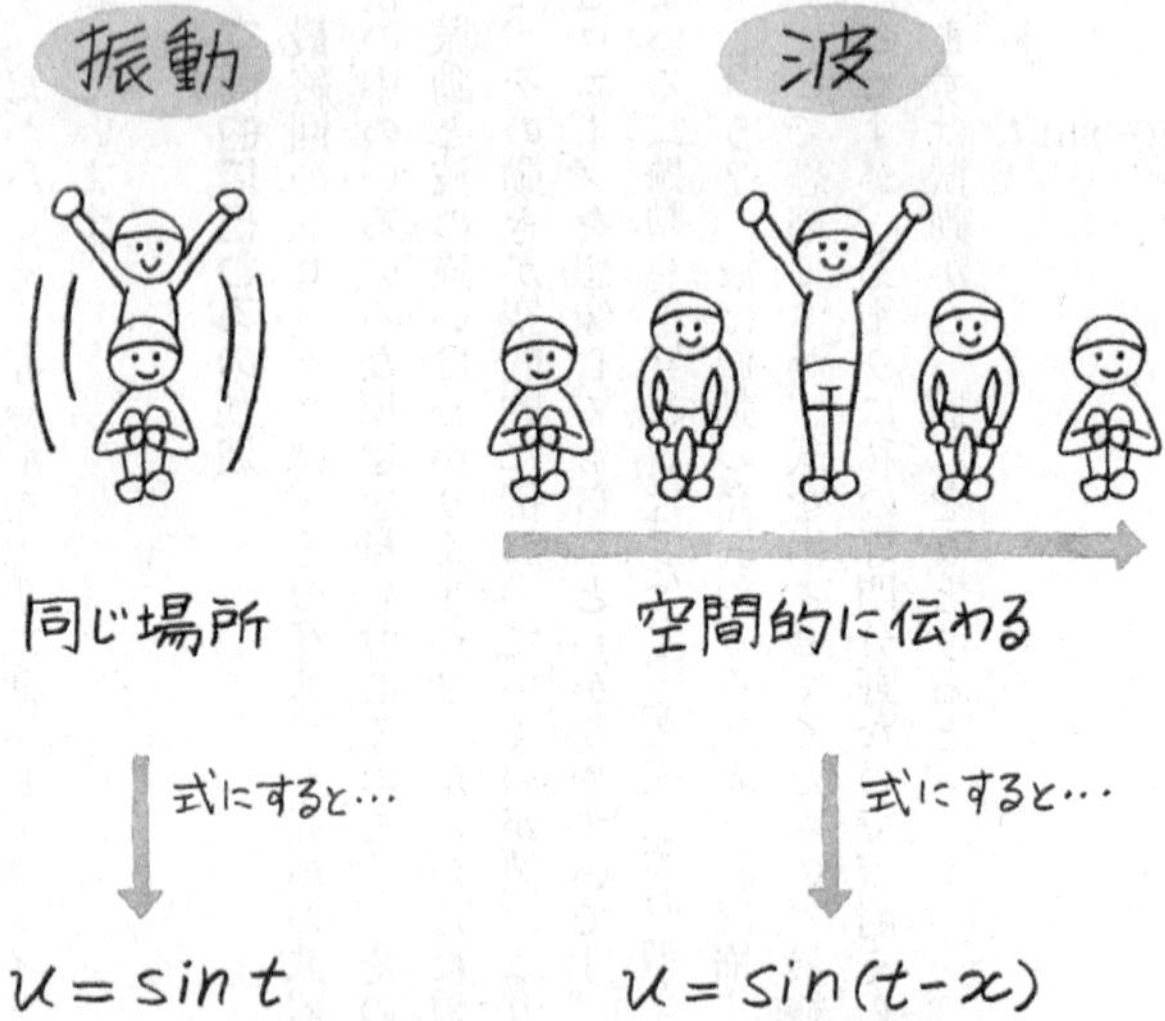

図24-1　振動と波のちがい。それぞれを式にすると

で表せます。でも波では、時間tだけではなく空間xも変化するので、何とかしてこの式にxを入れたいわけです。

結論から言うと、

$$u = \sin(t - x)$$

が波の式になります。どうしてこうなるかはグラフを描いてみると理解できます。図24-2をごらんください。

まず縦軸をu、横軸をt、手前方向の軸をxとして3次元の座標を作ります。縦で切っても横で切っても sin カーブ

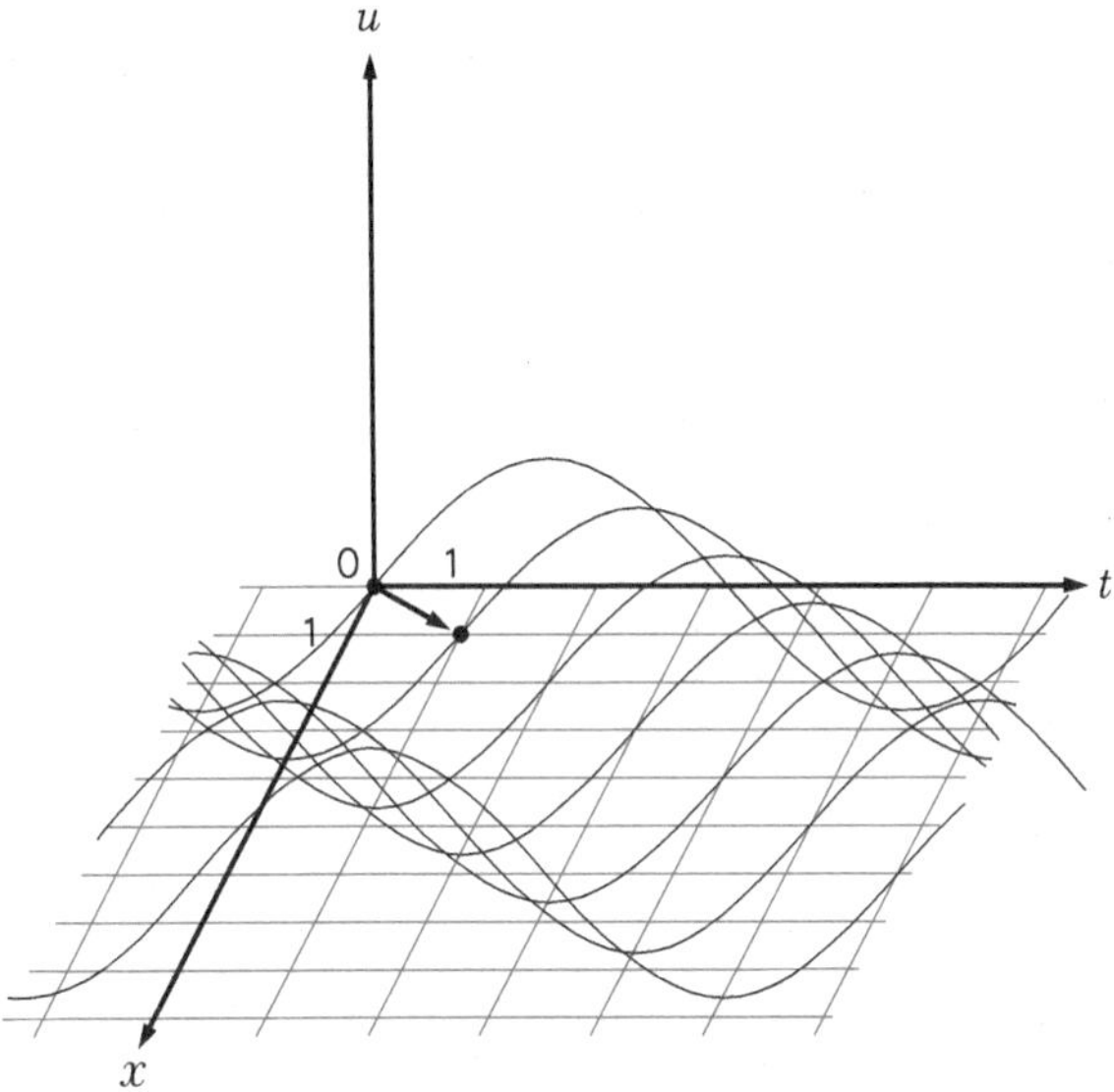

図24-2　グラフにすると…

になるのが波の基本形です。$x=0$ でこの波をバッサリと切った断面が $\sin t$ です。波は空間的に伝わっていくので、手前に来るほど（x の値が増えるほど）$\sin t$ のカーブがスーッと右に平行移動していきます。

たとえば、$x=0$ で切ったときに $t=0$ だった部分〔$u=\sin(0)$〕が、$x=1$ で切ったときは平行移動して $t=1$ のところに来ます。

$x=1$、$t=1$ を式に代入すると

$$\sin(0)$$

合っていますね。この波の

式に振幅を含めるとこうなります。

$$u = A\sin(x - ct)$$

波動方程式を導こう

この式は絶対に覚えておくといいですよ。前出の式に比べてxとtが逆になっていますが、どちらも同じ意味ですのであまり気にしないでください。波の基本を一発で表現している式で、Aが振幅、cが波の速さになります。先ほど、sinカーブがスーッと右に平行移動する話をしましたが、その移動のスピードがcなのです。

ここから避けてはとおれないのが偏微分ですが……。

心配ご無用です。第9時限のフーリエ展開のところでも少しお話ししましたが、偏微分はそれほど難しくないのです。たとえば波は、空間xと時間tという2つの変数が関わっています。複数の変数を一度に考えるとややこしいので、1つを残してほかの変数を一定とします。これが偏微分で、あとは普通の微分と同じと思ってOK。先ほどのようにx＝

$$u = \underset{\text{振動}}{\underline{\underline{A}}}\sin(x - \underset{\text{波の速さ}}{\underline{\underline{c}}}t)$$

↓

$$\frac{\partial u}{\partial t} = A\cos(x-ct)\times(-c)$$

$$= -cA\cos(x-ct) \quad \cdots ①$$

$$\frac{\partial u}{\partial x} = A\cos(x-ct) \quad \cdots\cdots ②$$

↓

$$\frac{\partial u}{\partial t} = -c\frac{\partial u}{\partial x}$$ ◀ 波動方程式

図24-3　振幅を含めた波の式と波動方程式

1で波をバッサリ切った（一定にした）とすると、その切り口の接線がtの偏微分というわけです。こう考えれば難しくないでしょう?

さっそくやってみましょう。図24-3を見ながら進んでください。まず波の式の$\frac{\partial u}{\partial t}$を求めます。これは公式（合成関数の微分）を機械的にやるしかありません。sinを微分するとcosになるので（$x-ct$）の中身はそのまま書いて、さらにこの中身をtで微分した$-c$を全体に掛けます。すると、①式となります。

次に$\frac{\partial u}{\partial x}$です。これもsinはcosになって$(x\text{-}ct)$の中身はそのまま書いて、中身を$x$で微分すると1になるので、②式と求まります。

ここでみなさん、2つの式を見比べてみ

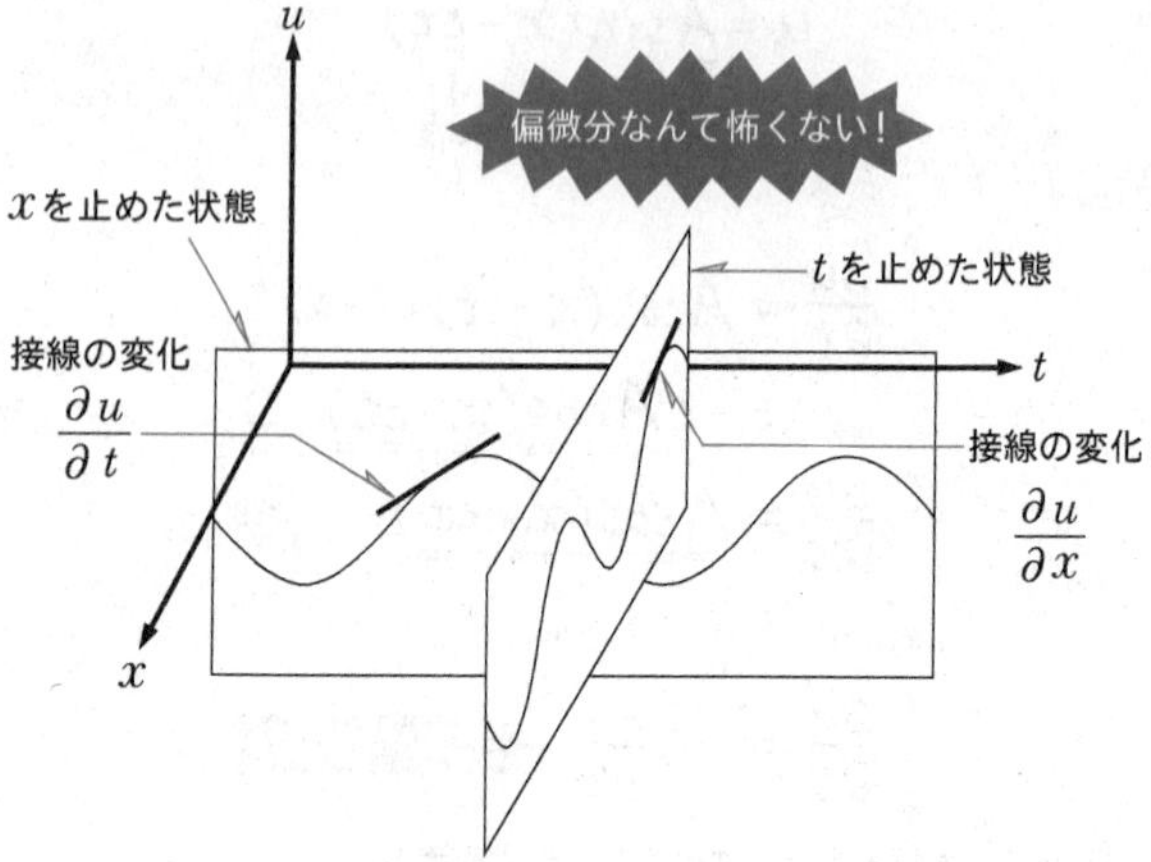

図24-4　偏微分なんて怖くない！

てください。両方とも、

$$A\cos(x-ct)$$

の部分は同じじゃないですか。なので、

$$\frac{\partial u}{\partial t}=-c\cdot\frac{\partial u}{\partial x}$$

が成り立ちます。

これが実は泣く子も黙る「波動方程式」で、波を司《つかさど》るもっとも大切な式になります。

この言葉を聞くと私はなぜか関係ないのですが『宇宙戦艦ヤマト』の波動砲を

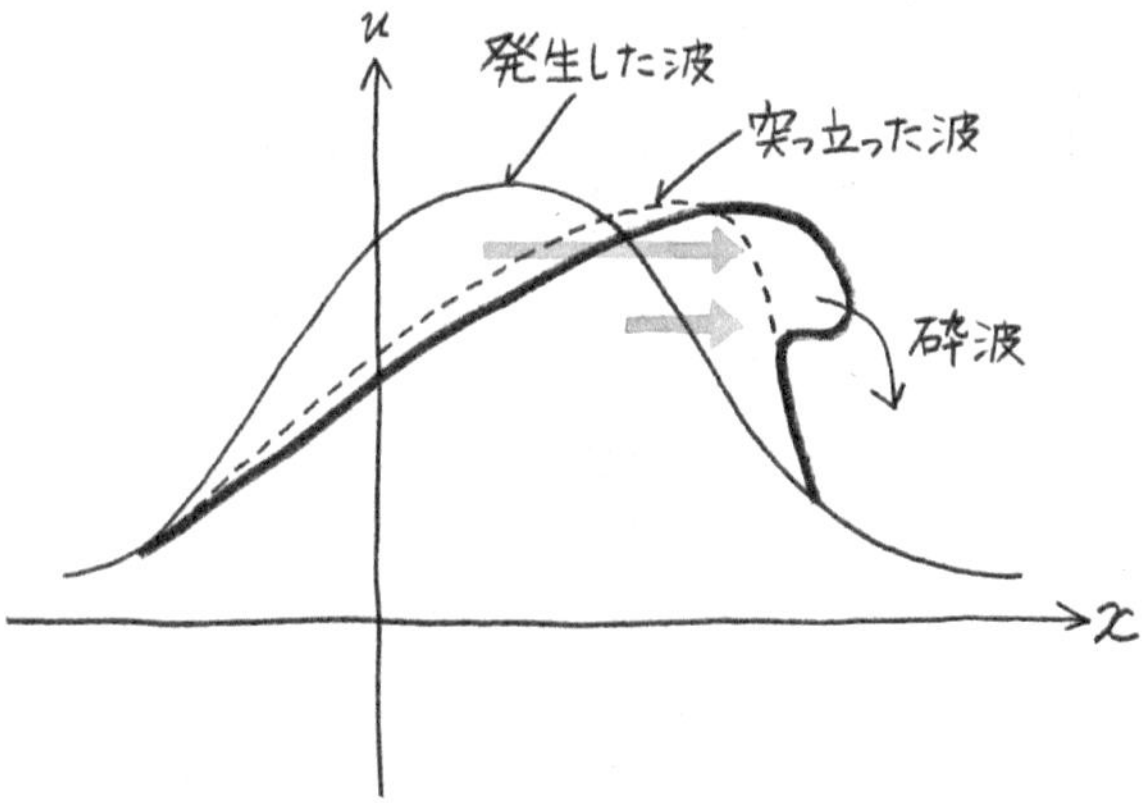

図24-5　波をグラフにすると

思い出します。

波が崩れるメカニズム

ここからが本書の一味違うところです。みなさんが大事にしたいのは現実の世界ですね。ですから、非線形ワールドではこの式がどうなるかを考えます。思い出してください！　振動では、振動数が振幅に関係していました。実は、波の速さも振幅に関係しています。

ここからが非常に大事です。明日から物の見方が変わるかもしれませんので、よく聞いてくださいね。

図24-5の実線のように今、波が発生しました。冒頭で少し触れましたが、振動も波も大きく揺れ始めると非線形になります。繰り返すと、速さは振幅に依存します。つ

波動方程式のcをuに置きかえて

$$\frac{\partial u}{\partial t} = -u\frac{\partial u}{\partial x}$$

↓ 右辺を移項すると

$$\frac{\partial u}{\partial t} + u\frac{\partial u}{\partial x} = 0$$

（$u\frac{\partial u}{\partial x}$）→ 波の高さが高くなると速く動く

図24-6　非線形ワールドでは波の速さは振幅に依存する

まり、波が高くなると、高い部分は波の動くスピードが速くなり、低い部分は遅く動くようになります。すると、波の形がどうなるかわかりますか？　どんどん突っ立ってきます（図24-5の破線）。そしてどうなるかというと？

そう。波が崩れる、砕波するんです（図24-5の太線）。波がバッシャーンと崩れるのは、非線形でしか起きない現象です。

――なるほど〜。

――感動……。

ですよね。私なんて海に行くと常にエクスタシーを感じています。波が崩れそうになると「あっ、非線形効果が上回った。行くぞ、今だ！」という感じです。

この現象を表す式は図24-6のようになります。

非線形の波では、波動方程式のcをuに置き換えて、右辺を左辺に移項して

$$\frac{\partial u}{\partial t}+u\cdot\frac{\partial u}{\partial x}$$

とします。ここで

$$u\cdot\frac{\partial u}{\partial x}$$

の項に注目してください。uは波の高さのこと。この高さが$\partial u/\partial t$（場所の移動）の速度を決めています。

ここが本当に本当に大事なんですが、実は波だけではなく水とか空気とか、ほぼすべての流体の方程式にはこういう非線形項が入っています。

でも、話はここで終わりません。あぁ、今日の私をだれか止めて！（笑）

波と渋滞の親密な関係

$$u\cdot\frac{\partial u}{\partial x}$$

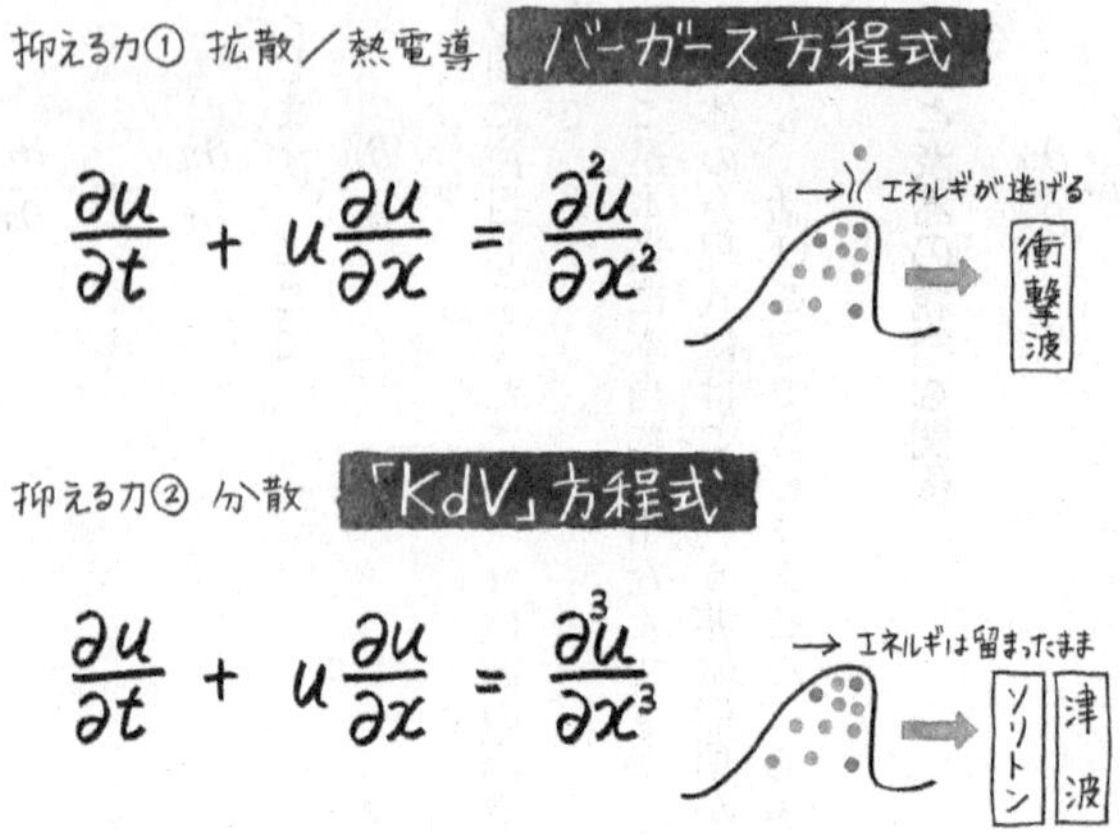

図24-7　抑える力の式

の項は言ってみれば波を崩そうとする力です。そこで、この崩そうとする力を抑える力を右辺に加えてみましょう。するとどうなるでしょうか。

抑える力には2種類あります。1つは「拡散」、あるいは「熱伝導」です。式ではxの2階微分（$\partial^2 u/\partial x^2$）で表します。抑える力がない状態、すなわち

$$\frac{\partial u}{\partial t}+u\cdot\frac{\partial u}{\partial x}=0$$

では、せり立った波の部分にエネルギがグーッと寄ってきています。そのエネルギを熱などによって逃がすわけです。この場合、波はせり立った状態を保ったまま移動しま

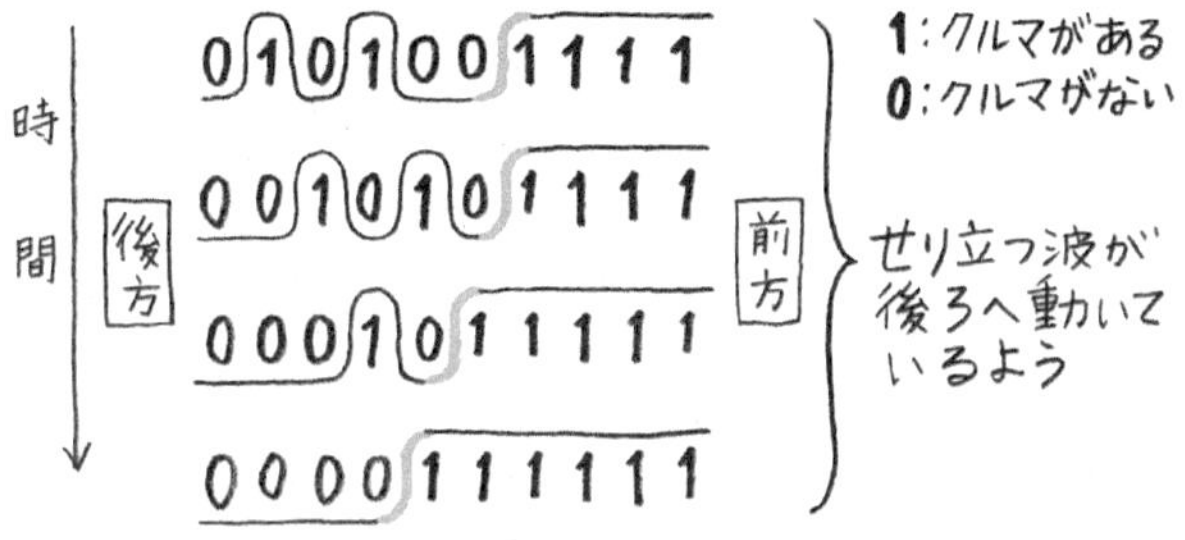

図24-8　渋滞学はここから生まれた！

す。これが衝撃波の正体です。

2つめは「分散」です。式ではxの3階微分（$\frac{\partial^3 u}{\partial x^3}$）で表します。ここで、拡散と分散の違いをエネルギをボールにたとえて考えてみましょう。拡散では、ボールが波から離れて消えていきますが、分散ではボールは波から離れません。波の中でうまく散らされて留まったまま波が動いていくのです。この分散した状態を保つ構造のことを「ソリトン」といいます。これが津波の正体。

ちなみに2階微分の方程式を「バーガース方程式」、3階微分を「KdV方程式」と呼んでいます（図24-7）。この2つが非線形の波では基本の方程式です。

そして、これが本当に最後！　私が博士論文の後に初めて書いた論文は、バーガース方程式に関するものでした。テーマは「衝撃波を粒々に置き換えて考えたらどうなるか」。実はコレが、私が書いた最初の渋滞学の論文です。クルマをかんたんに「1」で表現すると、混雑しているところは「1111」、そうでないところは「0000」となります。全体を俯瞰《ふかん》してクルマが多いところと少ないところの変化を見ると…私には波に見えました。赤信号でクルマが止まり、後ろからクルマがやってきて「1111」の部分が後ろへ伝わる。その様子は、まさにせり立ったまま移動する波でした。衝撃波と同じだとひらめきました。これが15年前のことだったのです。

これで私の授業は終わりになります。いかがでしたでしょうか。まったく新しいタイプの数学の本になったのではないかと思います。そう、数学は自由なのです。

最後に、この授業を支えてくださった熱心な読者のみなさま、本当にありがとうございました。またいつかどこかでお会いしましょう。

P225の式の展開

$$q(x\cdot i+y\cdot j)\overline{q}$$

$$=(\cos\frac{\theta}{2}+\sin\frac{\theta}{2}\cdot k)(x\cdot i+y\cdot j)(\cos\frac{\theta}{2}-\sin\frac{\theta}{2}\cdot k)$$

$$=(x\cos\frac{\theta}{2}\cdot i+y\cos\frac{\theta}{2}\cdot j+x\sin\frac{\theta}{2}\cdot j-y\sin\frac{\theta}{2}\cdot j)(\cos\frac{\theta}{2}-\sin\frac{\theta}{2}\cdot k)$$

$$=(x\cos^2\frac{\theta}{2}-y\sin\frac{\theta}{2}\cos\frac{\theta}{2})i+(x\sin\frac{\theta}{2}\cos\frac{\theta}{2}+y\cos^2\frac{\theta}{2}j)$$

$$+(-x\sin^2\frac{\theta}{2}-y\sin\frac{\theta}{2}\cos\frac{\theta}{2})i+(x\sin\frac{\theta}{2}\cos\frac{\theta}{2}-y\sin^2\frac{\theta}{2}j)$$

$$=(x\cos\theta-y\sin\theta)i+(x\sin\theta+y\cos\theta j)$$

おわりに

さて、僕の講義はいかがでしたでしょうか。大学では最近、講義アンケートというものがあります。自分の講義に対する学生の自由な意見を見るのも楽しいものですが、ここでもぜひみなさんの感想を聞いてみたいところです。というのも、この本はある意味で僕にとって冒険だったからです。世間から真面目と思われている大学教授が、こんな不真面目な(?)文体で、しかも数学なのに数学らしからぬ本を出していいものだろうか、と迷ったこともあります。そんなとき、僕の背中を押してくれたのは、ものづくりの現場の技術者たちの声援でした。「初めからこんなふうに教えてくれたら、もっと数学を好きになれたのに」という多くの声に、とても勇気づけられました。また、「先生の話を聞いて現場でさっそく数学を活用してみました。これがその開発品です」と、試作品を持参してくれた方もいらっしゃいました。これは最高にうれしい出来事でした。

自分の名前で本を出すというのは、出したことのある方ならわかるはずですが、想像以上に勇気がいることです。どんな本でも絶賛だけされるわけではなく、中には心ない批判も寄せられます。中には明らかに誤解されている場合もありますが、本質的な意見にはかなりドキッとします。たった1冊の本が秘める力というものも再認識させられます。

だから、書籍を出版するとき、僕はいつも、批判の怖さよりも、出版して良かったという気持ちの方をはるかに強く感じます。本というのは自分の子どもみたいなもので、生みの苦しみを経て出てきたものはやはり喜びも大きいのです。

さて、もうご存じかと思いますが、本書は、雑誌『日経ものづくり』に2年間にわたって連載されたものです。雑誌でのコラムタイトルは「数学で闘え」で、それは実際に僕が社会人の生徒さんたちの前で講義した内容をまとめたものでした。生徒さんの中にはものづくりの技術者もいましたし、数学をまったく知らないという女性もいました。こうしたいろいろな方々と双方向で話をしながら進めていったため、講義は毎回アドリブの連続。その結果、しっかり準備をした一方通行の大学講義とはまったく異なる内容になっていました。5分に1回は笑いが起こって、3時間以上話していてもまったく疲れることはありませんでした。今思い起こせば僕が一番楽しんでいたのかもしれません。

こうしたみなさんとの生のやりとりがあったからこそ、この本は完成しました。僕が一人で部屋に籠《こ》もって執筆していたら、この本のおもしろみは半減していたことでしょう。本当に根気よく付いてきてくれた生徒のみなさんには、何よりも感謝したいと思います。

特に最終回の講義では、サプライズで生徒の二人が「数学で闘え」のTシャツを作ってプレゼントしてくれました。本当にありがとう！

「はじめに」でも書きましたが、この本で一番伝えたかったのは、数学の「イメージ」です。数学は、人類が持つ偉大な知恵の蓄積だと思います。これを全人類で活用しない手はありません。勉強を一生懸命した限られた人だけの宝にしていてはもったいないのです。でも、語学の習得と同じで、そうかんたんにわかるものではないことも、僕はだれよりもよく知っているつもりです。そこで、どうするか。悩んだ挙げ句、そのイメージだけなら難しい記号を使わずに伝えられることに気付きました。

僕は昔から、あることを別のわかりやすいものにたとえたり、細部を省略してだいたいの全体像をとらえることに関しては、なぜか得意意識がありました。それを使えば、小学生にでも本書の内容を伝えることができます。実際にこれまで僕は、小学2年生を相手に微分を教えたこともあるぐらいです。本書の内容も、理科系大学院レベルでも難しいものも入っていますが、そんなことは感じなかったのではないかと思います。実はさらにくだけた教え方もできるのですが、それをすると本当に教員をクビになりそうなので（笑）、本書のレベルが今のところの僕の妥協点だとご理解ください。

人間はイメージさえつかめると、いろいろな妄想が広がってきて頭が応用モードになります。このときがチャンス。普段から抱えている現場の悩みと化学反応を起こせば、新しい発想へとつながっていくはずです。そのための妄想づくりに本書が少しでもお役に立てれば、僕の目的は達成です。

さて、最後になりましたが、この本は『日経ものづくり』の記者である池松由香さんの多大なご尽力のおかげで形になりました。彼女は数学を専門にしてきた人ではありません。でも、2年間の共同作業の後、恐らく専門家の話を聞いてもだいたいイメージがつかめてしまうほど、僕の言いたかった数学の本質を理解してくれた人だと思います。昔、こういう話を聞いたことがあります。アインシュタインが自分の運転手に向かって、「次の講演先の大学では僕の顔は知られていない。君は何度も僕の講演を聞いているのだから、代わりに相対性理論を話してみないか？」と言って、運転手に講演をさせました。なんとその運転手は見事に講演をやってのけたそうです！　その直後、大学教授がたくさん集まってきて、次々とその運転手に難問を投げてきました。ところがその運転手はまったくひるまずに一言。「何だ君たち、そんなこともわからないのか。それなら私の運転手でも答えられるから聞いてみてくれ」。そういって、アインシュタインを指差したそうです。いつの日か、池松さんが僕の代わりに数学の講演をしているかもしれませんので、みなさんご注意くださいね（笑）。

この本を最後まで読んでくださった数学ファンのみなさま、本当にありがとうございます。この本はみなさんによって支えられています。ぜひまたどこかでお会いしましょう！

2012年夏、本郷の研究室にて　　西成活裕

文庫版あとがき

このたび、「シゴ数」が手に取りやすい文庫版に生まれ変わりました。「シゴ数」とは、もちろんこの本のタイトルの短縮版で、私は出版当時から勝手にこの愛称で呼んでいます。そして角川さんからは「とん数」に続く2冊目の文庫版の出版で、とてもありがたく思っています。「とん数」とは何かわからない方は、ぜひ私の著作一覧を見てくださいね。そしてこのように2冊もの文庫化が実現したのも、本書を支えてくださったみなさんのおかげです。この場を借りて厚くお礼を申し上げます。

さて、文庫版のリニューアルに伴って、一つ以前と大きく変わったところがあります。それは文体です。この本は、もともとは数学があまり得意でない大人を主な対象とした楽しい数学講義を実際に私が行い、それをまとめたものでした。数学が嫌いな人でも楽しんでいただけるように、実際の講義では5分に1回の冗談を交えてノリノリでお話をさせていただきました。ふつうはギャグというのは活字では伝わりにくいものですが、以前の版ではそれをうまくピックアップしていただき、その雰囲気を効果的にお伝えするため、文体も大学教授に似つかわしくない（？）レベルで崩していました。それはそれで評判が良かったのですが、どうしても縦書きの文庫では少し無理があることがわかり、本書では文体はなるべく落ち着いたトーンに直しました。したがって、以前と比べて「脱線」はだいぶ少なくなっていますので、かえってスピード感を感じながら読み進めることができるのではと思います。

さて、本書が世に出て3年半が過ぎました。この間に「数学もこうやって教えてくれたらよかったのに」など、幸いにもいろいろとうれしい反響をいただきました。そして中でも一番うれしかったことは、本書を読んだメーカーの技術者から共同研究の打診があり、その後、半年間の共同研究を経てついに数学を使って新しい技術を生み出すことに成功し現在、特許申請中です！　まさに「仕事に役立つ数学」を実証できたわけです。特許がらみなので詳しい解説はできませんが、これで本書が決して誇大広告ではないという証明ができたのではないかと思っています。

このブレイクスルーの決め手になったのは、本書で繰り返し述べてきた単純なアイディアでした。複雑なものを複雑なまま捉《とら》えてしまっては本質が見えなくなります。そこで思い切って単純化し、中学生でもわかるレベルで考えていったことが勝利の決め手だったのです。時期が来たらぜひこの体験を中学生にも話してみたいと思っています。数学の思わぬ応用にみなさんきっと目を輝かせてくれるに違いありません。

本書にはさまざまなテーマが登場しましたが、これは私の20年以上にわたる数々の企業との共同研究から、実際に私が現場で使ってきた数学をピックアップしたものです。ですから役に立たないはずがありません。あとはそれをどう現場の問題と結びつけるか、ということだけなのです。一見まったく無関係に見えるものをいかにつなげるか、これが本書を仕事に生かすコツです。そのためのいいトレーニング方法を紹介いたしましょう。それは私が「言葉つなぎゲーム」と呼んでいるものです。たとえば、「三角関数」と「病院」というまったく異なる2つの言葉を用意します。それを無理やり文章でつなげてみてください。できましたか?

たとえば、

「三角関数のグラフを鉛筆で描いていたら力を入れ過ぎて芯《しん》が折れた。しかもその芯が運悪く目に飛んできた。何だか目に違和感を覚えたため病院に行って検査してきた」

という感じです。いかがでしょうか。これは実は私が小学生のころからやっている遊びで、そのおかげでまったく異なるものを結びつけることに何の抵抗も感じなくなりました。みなさんも、たとえば数学のキーワードと、仕事のキーワードを一つずつ用意して、楽しい作文をしてみてはいかがでしょうか。そのうちにオリジナルのおもしろいアイディアがひらめくに違いありません。

さて、本書はKADOKAWAの堀由紀子さんのご尽力で実現しました。堀さんとは前著「とん数」文庫版からのお付き合いで、本当にいつもていねいな校正に助けられてきました。より良いものを作り上げていく楽しみを再度いただけて大変感謝しています。

最後に、私からのお願いです。数学を固くとらえずに、柔らかく、血の通ったものとして見直してみてください。そうすれば必ず仕事に役立ちます。そして本書が現場の課題解決の一助になればと願っています。

それではみなさん、またどこかでお会いしましょう。

２０１６年２月　　とある新幹線の車内にて

西成　活裕

本書は『とんでもなく面白い仕事に役立つ数学』（日経ＢＰ社、２０１２年刊）を加筆修正のうえ、文庫化したものです。

とんでもなくおもしろい
仕《し》事《ごと》に役《やく》立《だ》つ数《すう》学《がく》

西《にし》成《なり》活《かつ》裕《ひろ》

平成28年 4月25日　初版発行
令和7年 2月5日　13版発行

発行者●山下直久

発行●株式会社KADOKAWA
〒102-8177　東京都千代田区富士見2-13-3
電話　0570-002-301（ナビダイヤル）

角川文庫 19731

印刷所●株式会社KADOKAWA
製本所●株式会社KADOKAWA

表紙画●和田三造

ISBN978-4-04-400138-4　C0141